航天科技图书出版基金资助出版

航天电子电气安全技术手册

中国航天电子技术研究院　编

中国宇航出版社

·北京·

图书在版编目（CIP）数据

航天电子电气安全技术手册 / 中国航天电子技术研究院编. -- 北京：中国宇航出版社，2024.4

ISBN 978-7-5159-2369-7

Ⅰ.①航… Ⅱ.①中… Ⅲ.①航天器－电气安全－技术手册 Ⅳ.①V443-62

中国国家版本馆 CIP 数据核字(2024)第 074554 号

责任编辑 马　喆　　**封面设计** 王晓武

出版发行	中国宇航出版社		
社　址	北京市阜成路 8 号　**邮　编** 100830 (010)68768548	**版　次**	2024 年 4 月第 1 版 2024 年 4 月第 1 次印刷
网　址	www.caphbook.com	**规　格**	787×1092
经　销	新华书店	**开　本**	1/16
发行部	(010)68767386　(010)68371900 (010)68767382　(010)88100613（传真）	**印　张**	10.25
		字　数	150 千字
零售店	读者服务部　(010)68371105	**书　号**	ISBN 978-7-5159-2369-7
承　印	北京中科印刷有限公司	**定　价**	98.00 元

本书如有印装质量问题，可与发行部联系调换

航天科技图书出版基金简介

航天科技图书出版基金是由中国航天科技集团公司于2007年设立的，旨在鼓励航天科技人员著书立说，不断积累和传承航天科技知识，为航天事业提供知识储备和技术支持，繁荣航天科技图书出版工作，促进航天事业又好又快地发展。基金资助项目由航天科技图书出版基金评审委员会审定，由中国宇航出版社出版。

申请出版基金资助的项目包括航天基础理论著作，航天工程技术著作，航天科技工具书，航天型号管理经验与管理思想集萃，世界航天各学科前沿技术发展译著以及有代表性的科研生产、经营管理译著，向社会公众普及航天知识、宣传航天文化的优秀读物等。出版基金每年评审2次，资助30～40项。

欢迎广大作者积极申请航天科技图书出版基金。可以登录中国航天科技国际交流中心网站，点击“通知公告”专栏查询详情并下载基金申请表；也可以通过电话、信函索取申报指南和基金申请表。

网址：http：//www. ccastic. spacechina. com

电话：(010) 68767205，68767805

《航天电子电气安全技术手册》
编写委员会

主　任　杨　雨

成　员　杨宏志　温　斌　石江波　常明祖　郭湛宇　廖世宾
桑　峣　李益民　侯选民　张万青　赵　岩　马　鑫
柳存侠　王元元　蒋　怡　赵唯佳　穆京伟　李江艳
孙晓东　沈　洁　董芙蓉

序 言

在当今这个电力驱动的时代，用电安全已经成为关乎每个人、每个家庭、每个企业乃至国家安全的重大问题。用电安全作为保障生产安全的一个关键环节，受到了前所未有的重视。同时，我们要深刻理解用电安全的严峻性。近年来，由于用电不当导致的火灾事故频发，不仅造成巨大的财产损失，更有甚者导致宝贵的生命逝去。这些血的教训警示我们，任何时候对安全生产都不能有丝毫的懈怠和侥幸心理。

为坚决贯彻落实习近平总书记关于安全生产工作重要论述，实现建设航天强国、世界一流军队目标，针对航天电子用电安全的特殊性，强化实际操作中用电安全措施，理论与实践相结合，编制了《航天电子电气安全技术手册》。

本书聚焦于航天电子用电安全实践，详细解析了航天电子典型电气事故分类及应对措施、事故案例，典型部位电气安全要求，常见用电安全隐患，事故应急处置方法等内容，旨在帮助读者构建起一套科学、完善的用电安全知识体系。

作为一本专注于用电安全的图书，本书全面细致地体现了法律法规、国家标准及航天行业标准规范的最新要求，通过阅读本书，读者不仅能够增强用电安全意识，还能学习到具体的防护措施、管控要求和应急处理方法，适合航天电子专业各企业领导、安全生产管理人员、电气作业人员等学习参考。

在本书编写过程中，得到了各级领导的指导和大力支持，中国航天电子技术研究院各所属单位积极参与，在此表示一并感谢。同时，由于时间紧迫和水平有限，书中难免会有不足，敬请读者指正。

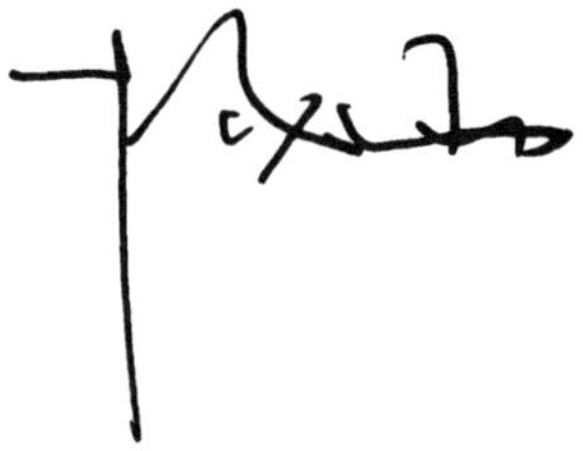

2024 年 3 月 3 日

目　录

第 1 章　航天电子典型电气事故分类及应对措施

1.1 电气事故概述

电气危险因素分为触电危险、电气火灾爆炸危险、静电危险、雷电危险、射频电磁辐射危害和电气系统故障等，主要是由电能非正常状态形成的。

电气事故是指局外电能作用于人体或电能失去控制所造成的意外事件，即与电能直接关联的意外事件，事故造成的危害后果主要有人身伤亡、财产损失、系统失效、(大规模) 停电、环境污染等。

用电安全形势严峻。国内外统计数据表明，在工伤事故中，电气事故在 12 类人身伤害中排第 6 位，触电死亡人数占全部事故死亡人数的 5%左右。技术先进国家每发 20 亿～40 亿度电才触电死亡 1 人，而我国每发 1.5 亿度电触电死亡就超过 1 人。根据近年来我国统计数据，每年因触电死亡人数均超过万人，因此用电安全更具有其重要性。根据国家应急管理部消防救援局公布的 2022 年全国火灾形势报告数据显示，从火灾种类来看，电气引起的火灾数量为 19.81 万起，高居榜首，占火灾总数的 31.4%。“电老虎”屡屡发威，给生命和财产带来巨大损失。航天电子企业历史上也曾发生过电气事故，付出了血的代价。

因航天电子生产企业特点，用电是涉及科研生产任务最多的一个环节，也是安全生产管理最关键的环节之一。其具有三大特点，一是抽象性，看不见、听不见、嗅不着，尤其是静电和电磁辐射；二是广泛性，分布于强电弱电、交直流电、雷电、静电、高低压电、工业、生产生活中；三是综合性，既有工程技术方面，也有组织管理方面。忽视对电气线路和设备的规范安装、使用、管理、维修、试验等环节，加之电气线路和设备的安全隐患检查技术复杂、难度大，极易引发事故，可能导致触电、火灾爆炸、停电、环境污染，甚至可能给型号科研生产任务进程造成难以挽回的影响。因此用电安全工作更具有其重要性，迫切需要科学防范电气事故。

航天电子电气事故一般分为触电事故、电路故障事故、电气火灾爆炸事故、雷电事故、静电事故、电磁辐射事故六类事故，下面分别进行介绍。

1.2 触电事故及防护措施

触电事故是由电流的能量施加给人体而造成的，即由于人体接触或接近带电体致使电流流过人体而造成的人身伤害。

在变配电站和配电室倒闸操作、检修、清扫等环节，往往潜藏着电气安全事故的高风险。具体而言，电气线路破损、带电体裸露，是引发电气事故的重要因素。此外，在配电箱柜操作、检修、清扫等环节，若操作不当或忽视安全规程，也可能直接触及带电部分，导致触电事故。

1.2.1 触电事故的分类

触电为电流对人体的伤害，可以分为电击和电伤（见图 1－1）。事实上触电过程是比较复杂的，在很多情况下，电击和电伤往往是同时发生的，但大多数触电死亡是由于电击造成的。

1.2.1.1 电击

电流流过人体内部的触电称为电击。

（1）按触电时设备状态分为直接接触电击和间接接触电击

①直接接触电击

直接接触电击（见图 1－2）是指触及正常状态下带电的物体导致的触电。

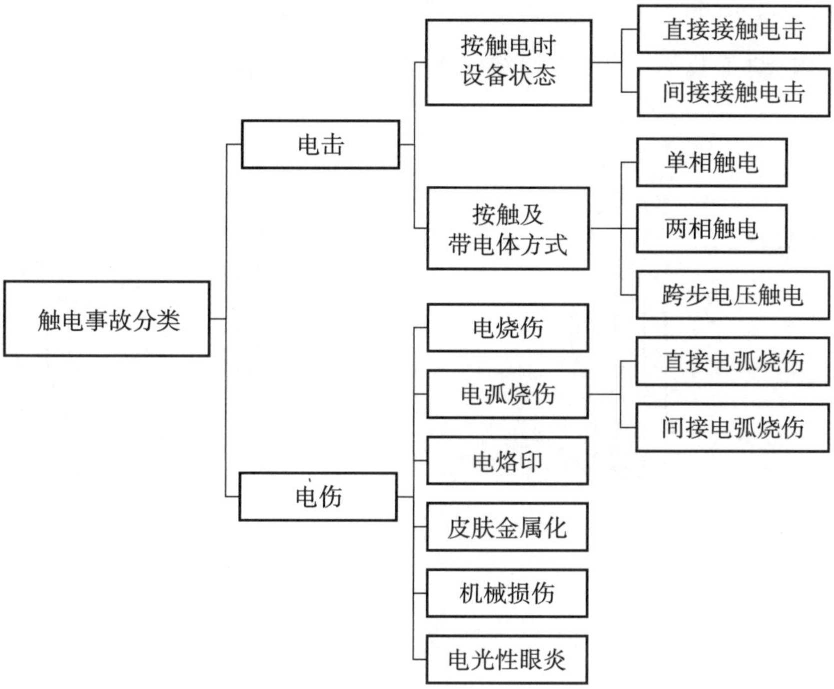

图 1-1　触电事故的分类

人体组织中有60%以上是由含有导电物质的水分组成的。人体是导体，当人体接触设备的带电部分并形成电流通路时，就会有电流流过人体造成触电。

例如，航天电子行业在定期对配电箱柜清扫时，作业人员未按安全要求切断电源，身体部分直接接触带电体发生直接接触电击事故。

②间接接触电击

间接接触电击（见图1-3）是指触及正常状态下不带电，而在故障下意外带电的物体导致的触电。例如，电气设备的金属外壳在正常情况下不应该带电，但是因为漏电而带电，如果人触及这样的带电体，就会导致间接接触电击。

外壳接地的电气设备，当绝缘损坏而使外壳带电，电流就由设备外壳经接地线或接地体流入大地，如果设备接地电阻过大或接地线/接地体发生断路故障，此时人接触设备外壳就会造成接触电压触电。

例如，航天电子行业使用的电气设备设施设备外壳未接地，接地线接头松动、脱落或接地线断裂，电气设备设施因漏电使其金属外壳带电；使用的绝缘工具或手持电动工具未定期检测绝缘，工具的绝缘性能降低，可能发生间接接触电击事故。

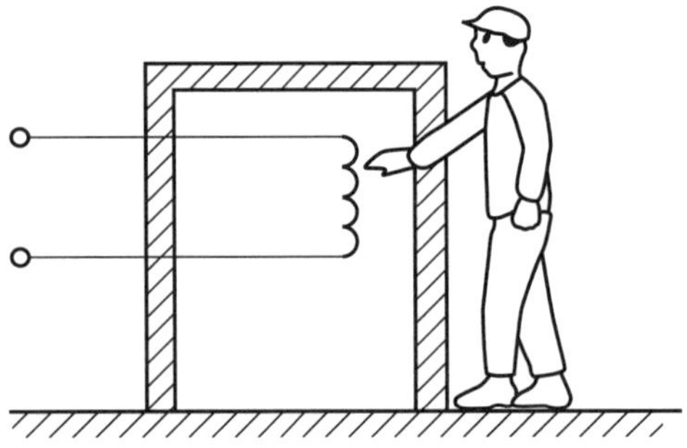

图 1-2　直接接触电击

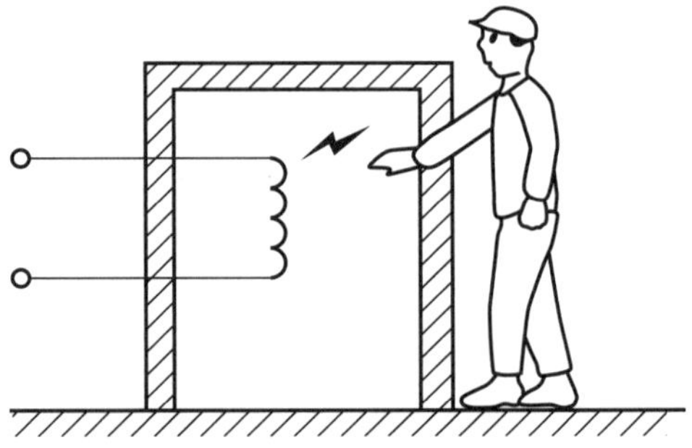

图 1-3　间接接触电击

（2）按触及带电体方式分为单相触电、两相触电、跨步电压触电

①单相触电

单相触电（见图 1-4）是指在地面上或其他接地体上，人体的某一部分触及带电设备或线路中的某相带电体时，一相电流通过人体经大地回到中性点引起的触电。

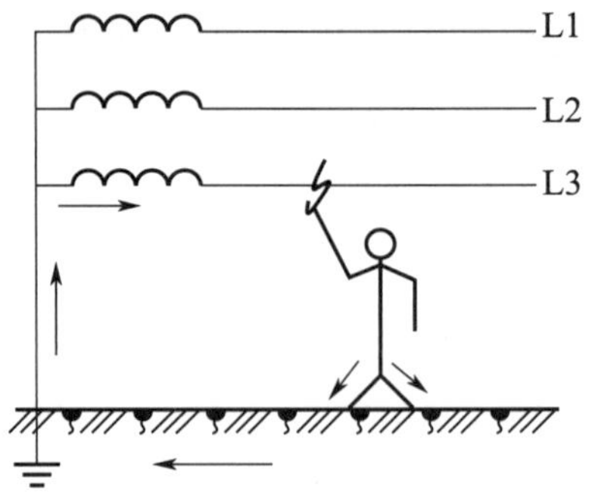

图 1-4　单相触电

②两相触电

两相触电（见图 1-5）是指人体两处同时触及两相带电体（三根相线中的两根）所引起的触电事故。当发生两相触电时人体承受的是 380 V 的线电压，其危险性一般比单相触电大。人体一旦接触两相带电体时电流比较大，轻微的

会引起触电烧伤或导致残疾，严重的会导致触电死亡事故，而且两相触电使人触电身亡的时间只有 1～2 s。

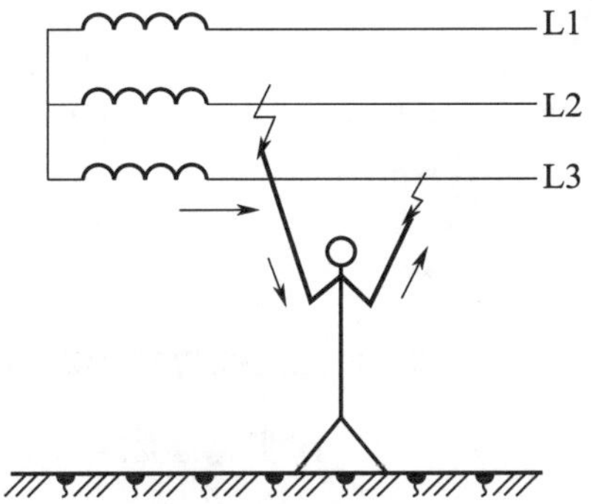

图 1-5　两相触电

航天电子行业单相、两相触电风险为电工操作人员安装、维修电气设备时，需要接触到电源线和设备内部的电线，可能接触电源线或设备的带电部分，发生触电事故。因此，电工操作人员必须穿戴绝缘防护装备，并且确保设备断电后才能进行操作；而非专业人员发生单相、两相触电事故，可能因为他们对电源设备的工作原理和安全规程了解不足、缺乏用电安全意识、违规违章操作等。因此，为了避免触电事故，应让专业人员处理电气设备问题。

③跨步电压触电

当设备发生接地故障或者一相带电导线断落在地面时，在接地体或接地点附近地面上的电位分布是不均匀的。距接地体或接地点越近，地面电位越高，距接地体或接地点越远，地面电位越低。如果人站在接地体或接地点附近，两个脚之间的电位就不一样，因此两脚之间就有电压（电压等于电位差），这个电压就叫作跨步电压（设备电压越高，跨步电压越大）。跨步电压的大小取决于人体与接地点的距离。距离越远，跨步电压数值越小，在远离接地点 20 m 以外处，电位近似于零。越接近接地点，跨步电压越高，如图 1-6 所示。为了防止跨步电压触电，人不得靠近接地故障点（一般高压为 8 m 以内，低压为 4 m 以内）。当觉察到有跨步电压时，不要慌张，应赶快把双脚并拢或用单脚跳出危险区。

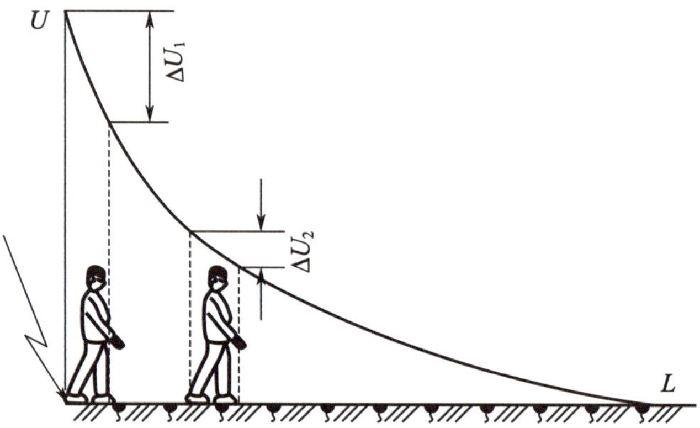

图 1-6 跨步电压触电

航天电子行业基本不涉及跨步电压触电事故类型，只有在外场试验场所因试验要求需要架设临时输电线路时，若架设不规范或受外力等，导致导线断落至地面，附近人员可能存在跨步电压触电风险。

1.2.1.2 电伤

电伤是电流转变成其他形式的能量造成的人体伤害，包括电能转化成热能造成的电烧伤、电弧烧伤和电能转化成化学能或机械能造成的电烙印、皮肤金属化、机械损伤、电光性眼炎等。电伤多数是局部性伤害，在人体表面留有明显的伤痕。

（1）电烧伤

电烧伤又叫电流灼伤，是指人体与带电体直接接触，电流通过人体时产生的热效应的结果。在人体与带电体的接触处，接触面积一般较小，电流密度可达很大数值，又因皮肤电阻比体内组织电阻大许多倍，故在接触处产生很大的热量，致使皮肤灼伤。只有在大电流通过人体时才可能使内部组织受到损伤，但高频电流造成的接触灼烧可使内部组织严重损伤，而皮肤却仅有轻度损伤。

（2）电弧烧伤

电弧烧伤是当电气设备的电压较高时产生的强烈电弧或电火花，烧伤人体，甚至击穿人体的某一部位，而使电弧电流直接通过内部组织或器官，造成深部组织烧死，一些部位或四肢烧焦。一般不会引起心脏纤维性颤动，而更为常见的是人体由于呼吸麻痹或表面的大范围烧伤而死亡。

（3）电烙印

电烙印也称电标志、电流痕记或电印记。它是由于电流流过人体时，在皮肤上留下的青色或浅黄色斑痕，常以搔伤、小伤口、疣、皮下出血、茧和点刺花纹等形式出现，其形状多为圆形或椭圆形，有时与所触及的带电体形状相似。受雷电击伤的电烙印图形颇似闪电状。电烙印经治愈后皮肤上层坏死部分脱落，皮肤恢复原来的色泽、弹性和知觉。

（4）皮肤金属化

皮肤金属化常发生在带负荷拉断路开关或闸刀开关所形成的弧光短路的情况下。此时，被熔化了的金属微粒四处飞溅，如果撞击到人体裸露部分，则渗入皮肤上层，形成表面粗糙的灼伤。经过一段时间后，损伤的皮肤完全脱落。若在形成皮肤金属化的同时伴有电弧烧伤，情况就会更严重。皮肤金属化的另一种原因是人体某部位长时间紧密接触带电体，使皮肤发生电解作用，一方面电流把金属粒子带入皮肤中，另一方面有机组织液被分解为碱性和酸性离子，金属粒子与酸性离子化合成盐，呈现特殊的颜色，根据颜色可知皮肤内含有哪种金属。

（5）机械损伤

机械损伤是指电流通过人体时产生的机械-电动力效应，使肌肉发生不由自主的剧烈抽搐性收缩，致使肌腱、皮肤、血管及神经组织断裂，甚至使关节脱位或骨折。

（6）电光性眼炎

电光性眼炎是眼睛接触紫外线后角膜和结膜上皮损害引起的炎症。起因是眼睛受到紫外线照射，4～8 h 后发作，眼睑皮肤红肿，结膜发炎，严重时角膜透明度受到破坏，瞳孔收缩。

1.2.2 触电事故防护措施

1.2.2.1 触电防护措施分类

触电防护措施分类如图 1－7 所示。

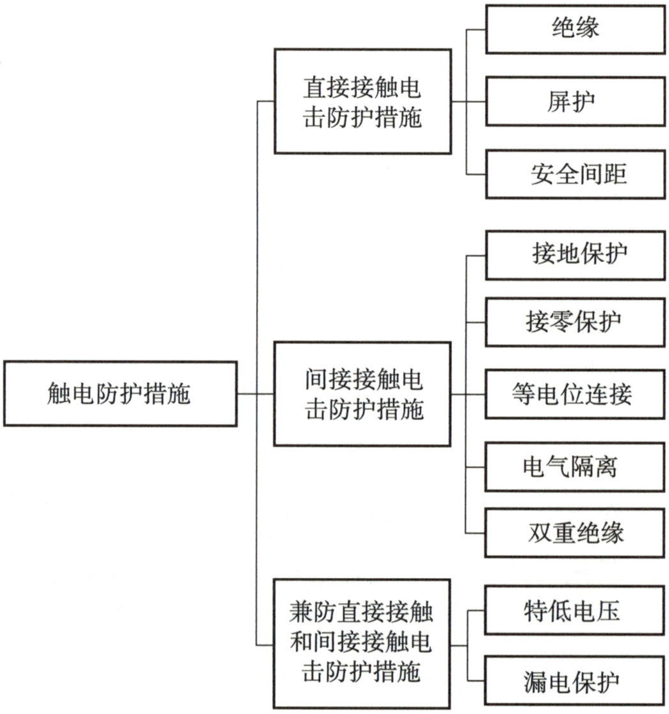

图 1－7 触电防护措施分类

1.2.2.2 直接接触电击防护措施

直接接触电击的基本防护原则是应使危险的带电体不会被有意或无意触及，也就是把带电体防护起来，不让人轻易接触到，具体包括绝缘、屏护和安全间距。

（1）绝缘

绝缘是用绝缘材料把带电体隔离起来，实现带电体之间、带电体与其他物体之间的电气隔离，使设备能长期安全、正常地工作，同时可以防止人体触及带电部分，避免发生触电事故。良好的绝缘是设备和线路正常运行的必要条件，也是防止触电事故的重要措施。

绝缘材料具有很强的隔电能力，广泛运用在许多电气设备、装置及电气工程上。胶木、塑料、橡胶、云母、矿物油等都是常用的绝缘材料。

航天电子行业常用的绝缘材料有变压器中使用的变压器油、电缆外层使用的橡胶、电线接头使用的电工绝缘胶带、专用绝缘工具等，如图 1－8 所示。

图 1－8　绝缘材料

（2）屏护

屏护是指采用遮栏、围栏、护罩、外壳等阻挡物，把带电体与外界隔离开，以防止人体触及或接近带电体所采取的一种安全技术措施。除防止触电外，屏护还能防止电弧伤人、防止弧光短路和保证维修人员的安全。

航天电子行业常用的屏护装置有变压器柜上遮栏、室外配电装置防护围栏、配电箱柜等（见图 1－9）。遮栏、围栏、防护网用途与要求见表 1－1。

图 1－9　屏护装置实例

表 1－1　遮栏、围栏、防护网用途与要求

种类	图示	用途	要求
遮栏		遮栏用于室内高压配电装置	遮栏应牢固可靠；严禁工作人员和非工作人员移动遮栏。宜做成网状，网孔不宜大于 40 mm×40 mm 户内高度不低于 1.2 m，户外高度不低于 1.5 m，底部距地面不大于 0.1 m。遮栏与裸导体间距不小于 0.8 m。金属遮栏必须妥善接地并加锁。遮栏屏护装置上，应有“止步，高压危险！”标志
围栏		围栏一般用于室外配电装置	高度不应低于 1.7 m；栅条高度和最低栏杆至地面的距离不应大于 0.2 m。金属围栏应可靠接地。围栏等屏护装置上，应有“止步，高压危险！”标志
防护网		用于明装裸导线或母线跨越通道时，防止高处坠落物体或上下碰触事故的发生	有铁丝网和铁板网

(3) 安全间距

电气安全间距是指人体、物体等接近带电体不会发生危险的距离。为了防止火灾、过电压放电和各种短路事故，在带电体与地面之间、带电体与带电体之间、带电体与人之间、带电体与其他设施和设备之间，均应保证安全间距。安全间距由电压的高低、设备的类型及安装方式等因素决定。

根据各种电气设备（设施）的性能、结构和工作的需要，安全间距大致可分为以下四种：

1) 各种线路的安全间距；

2) 变、配电设备的安全间距；

3) 各种用电设备的安全间距；

4) 检修、维护时的安全间距。

带电部分至各种遮栏间的距离，设备带电部分至围栏、网状遮栏和板状遮栏的距离见表 1－2。工作人员进行设备维护检修时与设备带电部分的最小距离见表 1-3。

表 1-2　带电部分至各种遮栏间的距离（cm）

设备额定电压/kV		1～3	6	10	35	60	110	220	330	500
带电部分至围栏	屋内	82.5	85	87.5	105	130	170			
	屋外	95	95	95	115	135	175	255	335	450
带电部分至网状遮栏	屋内	17.5	20	22.5	40	65	105			
	屋外	30	30	30	50	70	110	190	270	500
带电部分至板状遮栏	屋内	10.5	13	15.5	33	58	98			

表 1-3　工作人员进行设备维护检修时与设备带电部分的最小距离（cm）

设备额定电压/kV	10 及以下	20～35	44	60	110	154	220	330
设备不停电时的安全间距	70	100	120	150	150	200	300	400
工作人员工作中正常活动范围与带电设备的安全间距	35	60	90	150	150	200	300	400
带电作业时人体与带电导体间的安全间距	40	60	60	70	100	140	180	250

设置航天电子电气安全间距是保障设备和人员安全的重要措施。电气线路的安全间距对电气系统稳定和设备安全至关重要。例如，高压输电线与建筑物最小水平距离 10 m，垂直距离 6 m。室内布线时，高压线路应远离其他线路以防干扰，低压线路应远离人体并避免触地以防触电。变配电设备的安全间距也是非常重要的。变压器作为电力系统的重要组成部分，其周围需要有一定的安全空间。一般情况下，变压器外壁至墙壁或栅栏的安全间距不应小于 0.8 m，至可燃物的安全间距不应小于 2 m。此外，变压器底部应有不小于 0.4 m 的净空高度，以便于检查和维护。而配电柜则需要有足够的通风空间，以确保设备的正常工作。各种用电设备的安全间距也不能忽视。例如，电动机的外壳与地面之间应有至少 1.5 m 的接地或绝缘距离，以防止电流通过人体流入地面。同时，电动机的前后左右都应保持一定的空间，以便于散热和维修。对于开关设备，如断路器、接触器等，其操作部分与墙面或其他设备之间的距离应大于

0.8 m，以防止操作时的误触。检修维护的安全间距也是必须要考虑的。在进行电气设备检修时，操作人员应保持一定的安全间距，以防止电击或设备运行过程中的伤害。例如，对于高压设备，通常需要在设备断电并接地后，才能进行检修工作。在变配电站进行倒闸操作的最小安全间距为 700 mm，电工在带电检维修作业时，最小安全间距为 400 mm。此外，工作人员还需要穿戴防护装备，如绝缘手套、绝缘鞋等。

1.2.2.3　间接接触电击防护措施

在正常情况下电气设备不带电的外露金属部分，如金属外壳、金属护罩和金属构架等，在发生漏电、碰壳等金属性短路故障时就会出现危险的接触电压，此时人体触及这些外露的金属部分，称为间接接触触电。

在电气设备、线路等出现故障的情况下，为避免发生人身触电伤亡事故而进行的防护，称为间接接触电击防护，或称为防止间接接触带电体的保护。

间接接触电击防护措施有 IT 系统、TT 系统、TN 系统、等电位连接、电气隔离、双重绝缘。

航天电子行业中多为新建或新改造厂房，配电系统多采用 TN 系统（基本不涉及 IT 系统、TT 系统），具有故障定位和隔离相对容易、可以快速排除故障、易于维护和维修等特点。

(1) IT 系统

IT 系统就是电源中性点不接地，用电设备外露可导电部分直接接地的系统（见图 1-10）。IT 系统可以有中性线，但国际电工委员会（IEC）强烈建议不设置中性线，因为如设置中性线，在 IT 系统中 N 线任何一点发生接地故障，该系统将不再是 IT 系统了。

在所有的供电系统中，IT 供电系统最为安全可靠。由于 IT 系统电源不接地，当设备发生漏电时，流向大地的电流非常小，不会破坏电源电压平衡。所以 IT 系统即使发生漏电，用电设备依然能正常使用；人即使触摸到漏电设备也不会发生触电。

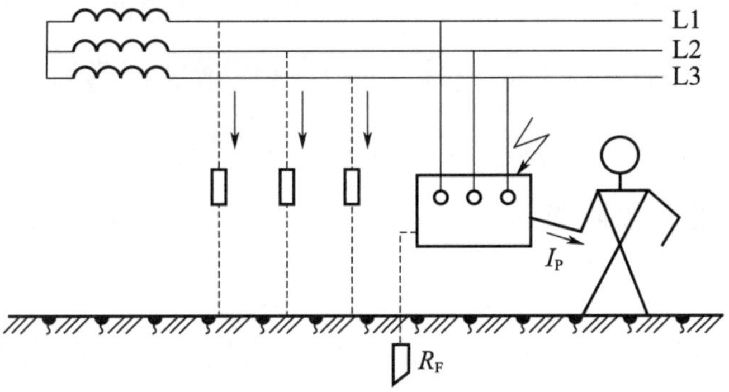

图 1-10　IT 系统示意图

在 IT 系统中，当电气设备发生单相接地故障时，流过人体的电流主要是电容电流。一般情况下，此电流是不大的，但是，如果电网绝缘强度显著下降，这个电流可能达到危险程度。IT 系统只适用于小范围供电，一般用于不允许停电的场所或者是要求严格连续供电的地方，比如医院手术室、地下矿井通风设备、缆车，以及对安全有特殊要求（有些液化气站采用）、环境条件不良、易发生一相接地或火灾爆炸的场所，如 10 kV 及 35 kV 的高压系统和矿山。

（2）TT 系统

TT 系统就是电源中性点直接接地，用电设备外露可导电部分也直接接地的系统（见图 1-11）。通常将电源中性点的接地叫作工作接地，设备外露可导电部分的接地叫作保护接地。TT 系统中工作接地和保护接地必须是相互独立的。设备接地可以是每一设备都有各自独立的接地装置，也可以若干设备共用一个接地装置。

① TT 系统的特点

共用接地线与工作零线没有电的联系。

正常运行时，工作零线可以有电流，而专用保护线没有电流。

② TT 系统的应用

1）TT 系统由于接地装置就在设备附近，因此 PE 线断线的概率小，且容易被发现。

2）TT 系统设备在正常运行时外壳不带电，故障时外壳高电位不会沿 PE 线传递至全系统。因此，TT 系统适用于对电压敏感的数据处理设备及精密电子设备进行供电，在存在爆炸与火灾隐患等危险性场所应用有优势。

3）TT 系统能大幅降低漏电设备上的故障电压，但一般不能降低到安全范围内。

4）TT 系统主要用于低压用户，即用于未装备配电变压器，从外面引进低压电源的小型用户，农村低压电网用电设备分散、线路长时采用。

③ TT 系统的局限性

1）当电气设备的金属外壳带电（相线碰壳或设备绝缘损坏而漏电）时，由于有接地保护，可以大大降低触电的危险性。但是，低压断路器（自动开关）不一定能跳闸，造成漏电设备的外壳对地电压高于安全电压，属于危险电压。

2）当漏电电流比较小时，即使有熔断器也不一定能熔断，所以还需要漏电保护器作保护，因此 TT 系统难以推广。

3）TT 系统接地装置耗用钢材多，而且难以回收、费工时、费料。

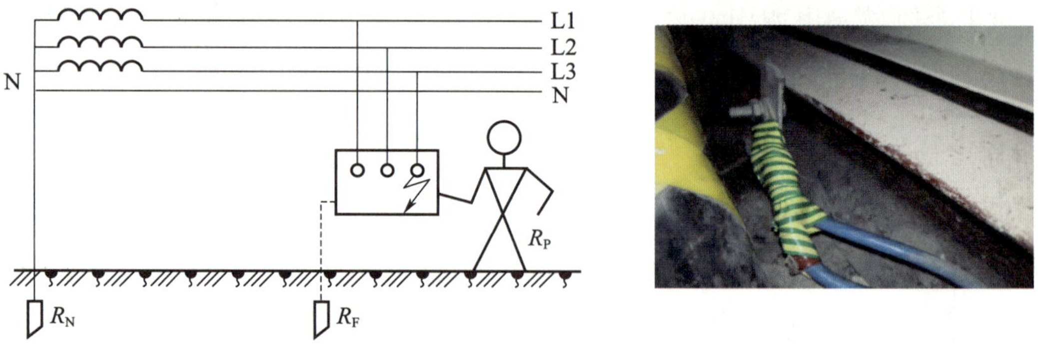

图 1-11　TT 系统示意图及实例

（3）TN 系统

TN 系统即电源中性点直接接地、用电设备外露可导电部分与电源中性点直接电气连接的系统（见图 1-12）。

TN 系统主要是靠单相碰壳故障变成单相短路故障（短路电流是 TT 系统

的 5.3 倍），并通过短路保护切断电源来实施电击防护的。

从电击防护的角度来说，单相短路电流大或过电流保护器动作电流小，对电击防护都是有利的。

TN 系统节省材料、工时，在我国和其他许多国家得到广泛应用。TN 方式供电系统，根据其保护零线是否与工作零线分开而划分为 TN－C 系统、TN－S 系统、TN－C－S 系统三种形式。

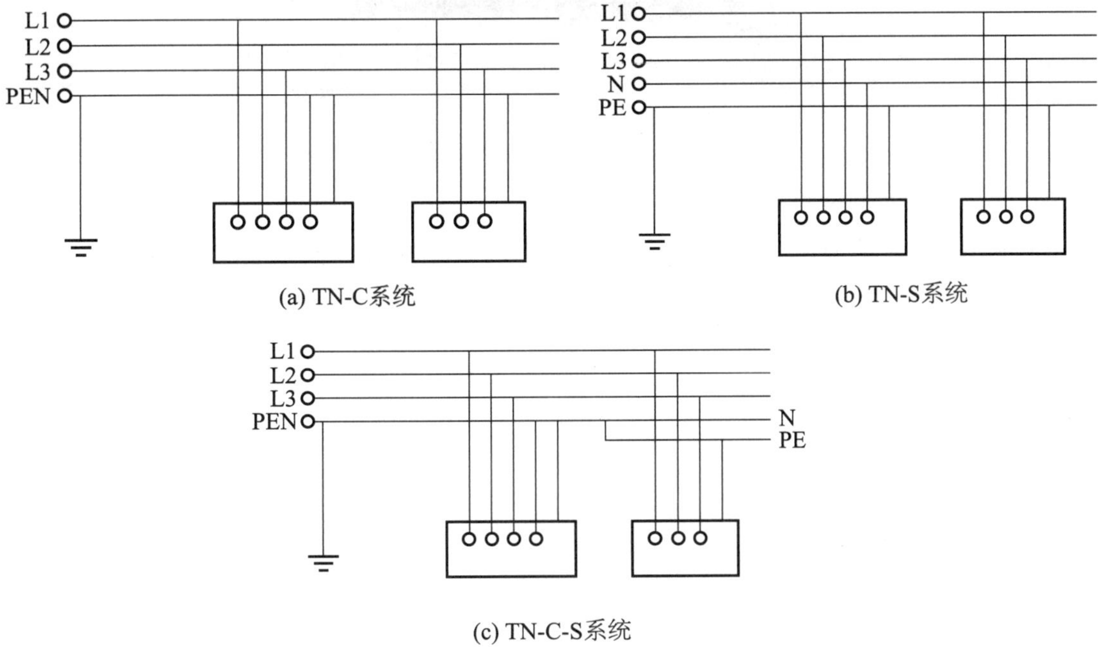

图 1－12　TN 系统示意图

① TN－C 系统

TN－C 系统（见图 1－13）将 PE 线和 N 线的功能综合起来，由一根称为 PEN 线的导体同时承担两者的功能。在用电设备处，PEN 线既连接到负荷中性点上，又连接到设备外露的可导电部分。由于它所固有的技术上的种种弊端，现在已很少采用，尤其是在民用配电中已基本不允许采用 TN－C 系统。

TN－C 系统具有如下特点：

1）设备外壳带电时，接零保护系统能将漏电电流上升为短路电流，实际

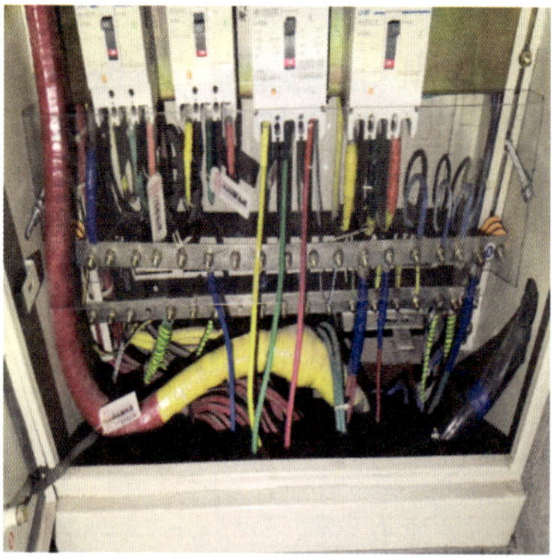

图 1－13　TN－C 系统实例

就是单相对地短路故障，熔丝会熔断或自动开关跳闸，使故障设备断电，比较安全。

2）如果工作零线断线，则保护接零的通电设备外壳带电。

3）如果电源的相线接地，则设备的外壳电位升高，使中线上的危险电位蔓延。

4）TN－C 系统干线上使用漏电断路器时，工作零线后面的所有重复接地必须拆除，否则漏电开关合不上闸，而且工作零线在任何情况下不能断线。所以，实用中工作零线只能在漏电断路器的上侧重复接地。

5）TN－C 系统只适用于三相平衡，并且无易燃易爆物的场合。如果三相负载不平衡，零线 PEN 就会带电，那么外壳就会带电，这是不安全的。一般工厂及小区都达不到要求，所以很少采用这种供电系统。TN－C 系统可用于爆炸、火灾危险性不大，用电设备较少、用电线路简单且安全条件较好的场所。

② TN－S 系统

TN－S 系统（见图 1－14）是航天电子行业现有厂房和生产设备最常用的间接接触电击防护措施。TN－S 系统中性线 N 与 TT 系统相同。与 TT 系统不同的是，用电设备外露可导电部分通过 PE 线连接到电源中性点，与系统中性点共用接地体，而不是连接到自己专用的接地体，中性线（N 线）和保护线（PE 线）是分开的。TN－S 系统的最大特征是 N 线与 PE 线在系统中性点分开后，不能再有任何电气连接，这一条件一旦破坏，TN－S 系统便不再成立。

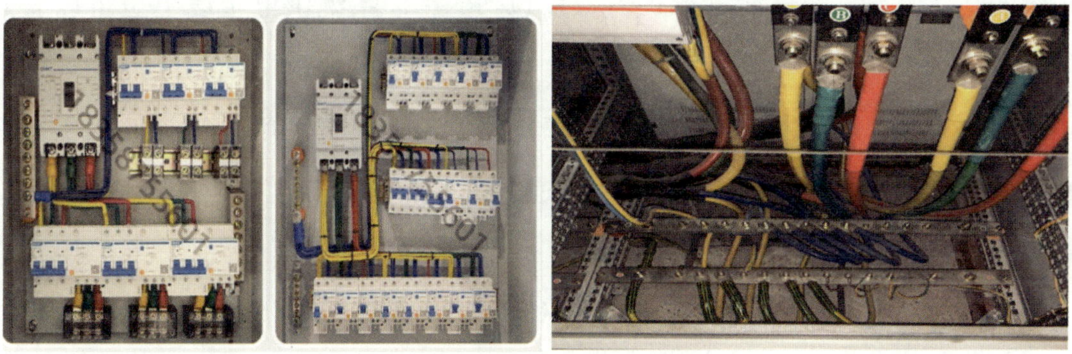

图 1－14　TN－S 系统实例

将工作零线与保护零线完全分开，从而克服了 TN－C 供电系统的缺陷，所以现在施工现场已经不再使用 TN－C 系统。在 TN－S 系统中，工作零线 N 和保护零线 PE 从电源端中性点开始完全分开，此系统习惯称为三相五线制系统。

当电气设备相线碰壳，直接短路，可采用过电流保护器切断电源；当 N 线断开，如三相负荷不平衡，中性点电位升高，但外壳无电位，PE 线也无电位。TN－S 系统 PE 线首末端应做重复接地，以减少 PE 线断线造成的危险。TN－S 系统适用于工业企业、大型民用建筑。

目前单独使用独一变压器供电或变配电所距施工现场较近的工地基本上都采用了 TN－S 系统，与逐级漏电保护相配合，确实起到了保障施工用电安全的作用。

TN－S 供电系统的特点如下：

1）系统正常运行时，专用保护线上没有电流，只是工作零线上有不平衡电流。PE 线对地没有电压，所以电气设备金属外壳接零保护是接在专用的保护线 PE 上，安全可靠。

2）工作零线只用作单相照明负载回路。

3）专用保护线 PE 不许断线，也不许进入漏电开关。

4）干线上使用漏电保护器，漏电保护器下不得有重复接地，而 PE 线有重复接地，但是不经过漏电保护器，所以 TN－S 系统供电干线上也可以安装漏电保护器。

5）TN－S 方式供电系统安全可靠，适用于工业与民用建筑等低压供电系统。在工程施工前的“三通一平”（电通、水通、路通和地平）必须采用 TN－S 方式供电系统。

TN－S系统在正常工作条件下，外露导电部分和保护导体呈零电位，是最“干净”的系统。可用于爆炸、火灾危险性较大或安全要求高的场所，宜用于独立附设变电站的车间，也适用于科研院所、计算机中心、通信局站等。

③ TN－C－S系统

TN－C－S系统（见图 1－15）是 TN－C 系统和 TN－S 系统的结合形式，在 TN－C－S 系统中，从电源出来的一段采用 TN－C 系统。因为在这一段中无用电设备，只起电能的传输作用，到用电负荷附近某一点处，将 PEN 线分开形成单独的 N 线和 PE 线。从这一点开始，系统相当于 TN－S 系统。TN－C－S 系统适用于供电距离远且负荷比较分散的供电系统，能节约成本。

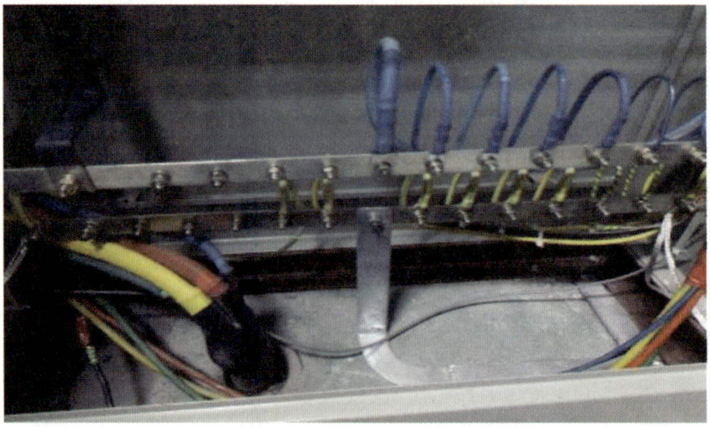

图 1－15　TN－C－S 系统实例

TN－C－S 系统的特点如下：

1）工作零线 N 与专用保护线 PE 相联通，总开关箱后线路不平衡电流比较大时，电气设备的接零保护受到零线电位的影响。总开关箱后面 PE 线上没有电流，即该段导线上没有电压降，TN－C－S 系统可以降低电气设备外壳对地的电压，然而又不能完全消除这个电压，这个电压的大小取决于 N 线的负载不平衡电流的大小及 N 线在总开关箱前线路的长度。而且 PE 线上应做重复接地。

2）PE 线在任何情况下都不能进入漏电保护器，因为线路末端的漏电保护器动作会使前级漏电保护器跳闸造成大范围停电。

3）对 PE 线除了在总箱处必须和 N 线相接以外，其他各分箱处均不得把 N 线和 PE 线相连，PE 线上不许安装开关和熔断器，且连接必须牢靠。

（4）等电位连接

等电位连接措施分两个层次，一个是主等电位连接，另一个是辅助等电位连接。

航天电子行业在厂房建筑的金属构件、配电 PE 线、电缆线槽、金属管路、设备 PE 线等处采用等电位连接，避免发生雷击、触电等事故。

①主等电位连接

主等电位连接（见图 1－16）是在建筑物的进线处将 PE 干线、设备 PE 干线、进水管、采暖和空调竖管、建筑构筑物的金属构件和其他金属管道、装置外露可导电部分等相连接。

在主等电位连接中，当电源引入后，将 PE 干线、设备 PE 干线以及所有的金属管路，建筑内所有的金属采暖管以及建筑物的钢筋、主筋、地基都连接起来，包括设备的外壳等。一旦连接完成，即使有雷击，雷击之后产生大的电流流过接地体，在接地体产生电压的升高，整个连接的电位也一起上升，不会形成电位差。

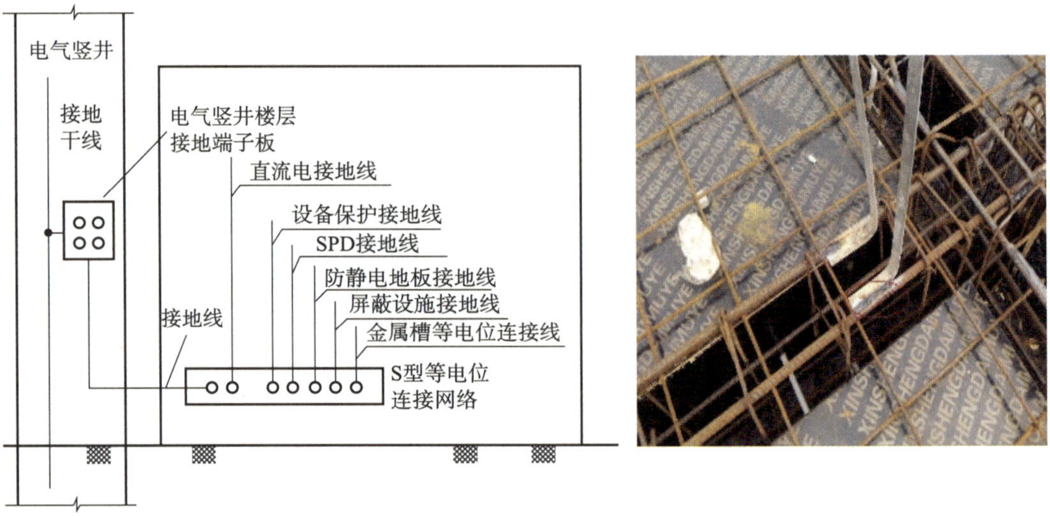

图 1-16　主等电位连接示意图及实例

②辅助等电位连接

辅助等电位连接（见图 1-17）是在某一局部将上述管道构件相连接。主等电位连接之外，还要进行辅助等电位连接，辅助等电位连接在局部，即使是一个建筑内用电的小单元内部，也要进行连接，例如卫生间里的照明、采暖等，在设备所有外壳和所有金属管路之间采取等电位连接，这时一旦漏电，不会形成电位差。

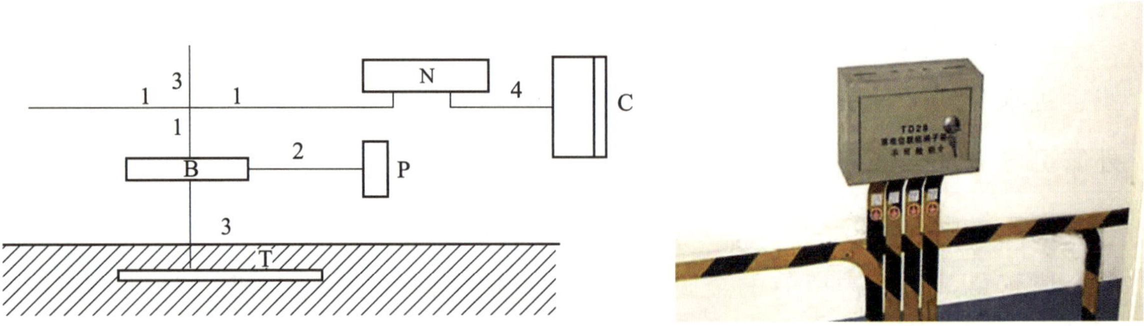

图 1-17　辅助等电位连接示意图及实例

1—保护线；2—总等电位连接线；3—接地线；4—辅助等电位连接线；B—总等电位连接（接地）端子板；N—外露导电部分；C—装置外导电部分；P—金属水管干线；T—接地极

（5）电气隔离

电气隔离是将电源与用电回路做电气上的隔离，即将用电的分支电路与整个电气系统隔离，使之成为一个在电气上被隔离的、独立的不接地安全系统，以防止在裸露导体故障带电情况下发生间接触电危险。

常用的电气隔离方式有变压器隔离、光电隔离、机械式隔离等。

①变压器隔离

变压器隔离是由变压器来实现的（见图 1－18）。变压器的初级线圈与次级线圈之间并没有实际的电气连接，变压器是通过电磁感应原理使初、次级线圈之间实现能量的传递。变压器一次侧和二次侧无实际的接线，无电流通过，可实现电压电流的变换，例如我们在控制柜内把 AC220 V 转换成 AC24 V。

图 1－18　变压器隔离实例

②光电隔离

光电隔离是由光电耦合器件来实现的（见图 1－19）。光电耦合器也叫光电隔离器，简称光耦，由发光源和受光器两部分组成，发光源和受光器组装在同一封闭的空间内。发光源和受光器之间并没有实际的电气连接，彼此间用透明的绝缘体进行隔离，发光源为输入端，受光器为输出端，发光源一般可以用发光二极管制作，受光器一般可以用光敏二极管、光敏三极管来制作。

③机械式隔离

机械式隔离就是我们常说的用弱电控制强电（见图 1－20）。现在很多电机等大型设备的启动电流都很大，如果使用 PLC 等控制设备直接控制启停，会

图 1－19　光电隔离实例

产生很大的危险，所以就采用中间继电器，用 PLC 控制中间继电器，由中间继电器再去控制强电设备，形成由 DC24 V 控制 AC220 V 或者更大电压的状态。

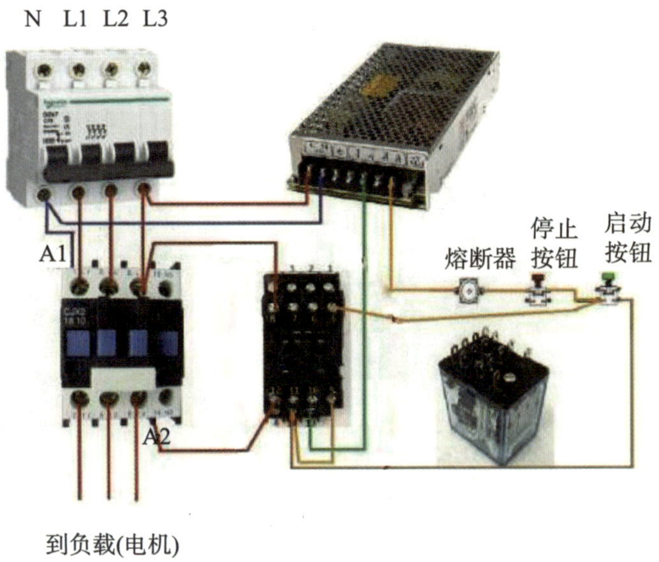

图 1－20　机械式隔离实例

（6）双重绝缘

双重绝缘是强化的绝缘结构，包括双重绝缘和加强绝缘两种类型（见图 1－21）。双重绝缘是指工作绝缘（基本绝缘）和保护绝缘（附加绝缘）。前者是带电体与不可触及的导体之间的绝缘，是保证设备正常工作和防止电击的基本绝缘；后者是不可触及的导体与可触及的导体之间的绝缘，是当工作绝缘损坏后用于防止电击的绝缘。加强绝缘是具有与上述双重绝缘相同绝缘水平的单一绝缘。

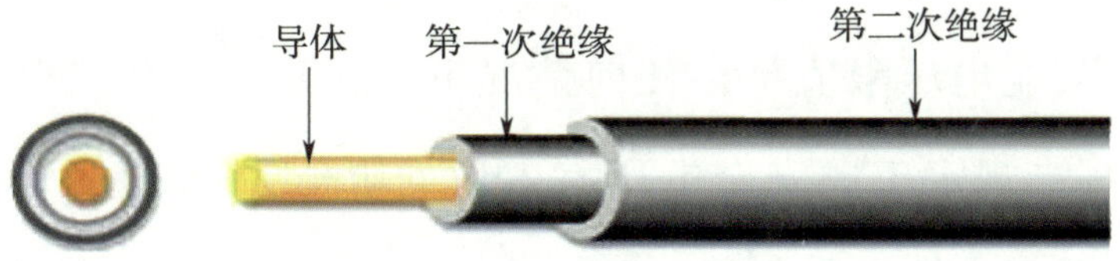

图 1-21　双重绝缘实例

具有双重绝缘的电气设备属于Ⅱ类设备，按其外壳特征，Ⅱ类设备分为以下 3 种类型：

1）绝缘外壳基本上连成一体的Ⅱ类设备；

2）金属外壳基本上连成一体的Ⅱ类设备；

3）兼有绝缘外壳和金属外壳两种特征的Ⅱ类设备。

双重绝缘设备的使用应定期测量双重绝缘设备可触及部位与工作时带电部位之间的绝缘电阻是否符合要求；使用前应检查双重绝缘设备及其电源线是否完好；凡属双重绝缘的设备，不得再行接地或接零。从安全角度考虑，一般场所使用的手持电动工具应优先选用Ⅱ类设备。在潮湿场所或金属构架上工作应尽量选用Ⅱ类工具或选用安全电压的工具。

双重绝缘和加强绝缘的绝缘电阻测试应满足在直流电压为 500 V 的条件下，工作绝缘的绝缘电阻不得低于 2 MΩ，保护绝缘的绝缘电阻不得低于 5 MΩ，加强绝缘的绝缘电阻不得低于 7 MΩ。

1.2.2.4　兼防直接接触和间接接触电击防护措施

兼防直接接触和间接接触电击的防护措施主要有特低电压和漏电保护装置。

（1）特低电压

特低电压（安全电压）是在一定条件下、一定时间内不危及生命安全的电压。根据欧姆定律，可以把加在人体上的电压限制在某一范围之内，使得在这种电压下，通过人体的电流不超过允许的范围。具有安全电压的设备属于Ⅲ类设备。

①安全电压限值和额定值

1）限值。安全电压限值是在任何情况下，任意两导体之间都不得超过的电压值。我国标准规定工频安全电压有效值的限值为 50 V。这一限值是根据人体电流 30 mA 和人体电阻 1 700 Ω 的条件确定的。

2）额定值。国家标准中规定我国的安全电压等级分五个等级，42 V、36 V、24 V、12 V 和 6 V。当电气设备采用了超过 24 V 的安全电压时，必须采取预防直接接触带电体的保护措施（绝缘或隔离防护）。在航天电子机加设备上，灯具等一般要求电压不超过 36 V。特低电压应用场所见表 1－4。

表 1－4　特低电压应用场所

电压值	42 V	24 V/36 V	12 V	6 V
应用场所	特别危险环境中使用的手持电动工具应采用 42 V 特低电压	有电击危险环境中的手持照明灯和局部照明灯应采用 36 V 或 24 V 特低电压	金属容器内、特别潮湿处等特别危险环境中使用的手持照明灯应采用 12 V 特低电压	水下作业等场所应采用 6 V 特低电压

②安全电源

特低电压不是电压低就安全，安全特低电压必须由安全电源供电，不是安全电源给出的电压，多低也不能用。可以作为安全电源的主要有安全隔离变压器、蓄电池及独立供电的柴油发电机，即使在故障条件下仍能够确保输出电压不超过特低电压值的电子装置电源等。

③安全隔离变压器

安全隔离变压器（见图 1－22）中间是矩形线框式的铁心，铁心的主要作用是磁通，磁路可以在里边产生一个导通的路径，在铁心上绕两个线圈，叫绕阻，两个线圈之间没有直接联系，左边的线圈接电源，叫作一次侧，也叫原绕阻或原线圈，右边的线圈接负载，叫作二次侧，也叫负绕阻或二次线圈。在整个过程中，双线圈变压器原绕阻和负绕阻之间没有直接的电的联系，而中间是通过磁通耦合，电路是隔离的。整个电路之间没有直接联系，所以叫作具有隔离作用的变压器。

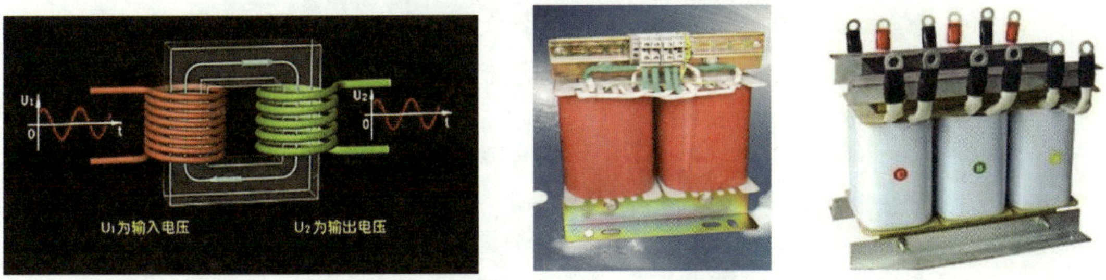

图 1－22　安全隔离变压器示意图及实例

自耦变压器（见图 1－23）不可以作为安全电源。自耦变压器不是通过双线圈，而是只有一个线圈，中间有一个抽头，电流流过来，然后中间引出一个输出，不具备隔离功能，如果把一边接零线，另一边接火线，很容易引起触电。

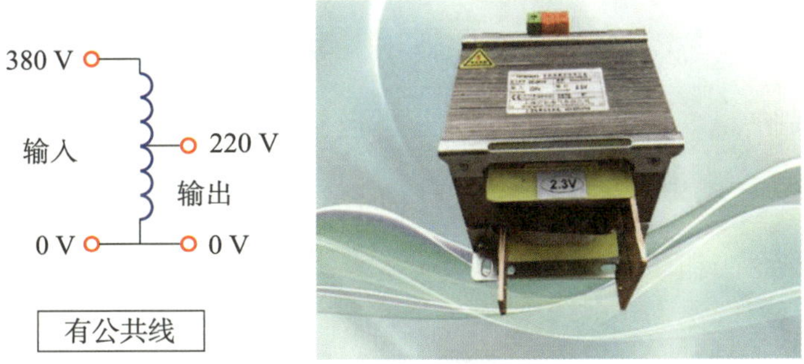

图 1－23　自耦变压器示意图及实例

（2）漏电保护装置

漏电保护装置主要用于防止间接接触电击和直接接触电击。漏电保护装置也用于防止漏电火灾，以及用于监测一相接地故障。

漏电保护装置种类很多。按照动作原理，分为电压型和电流型两类；按照有无电子元器件，分为电子式和电磁式两类；按照极数，分为单极、二极、三极和四极漏电保护器等（见图 1－24）。

①漏电保护装置原理

漏电断路器由 DZ47 系列断路器和漏电保护器组装而成（见图 1－25）。断

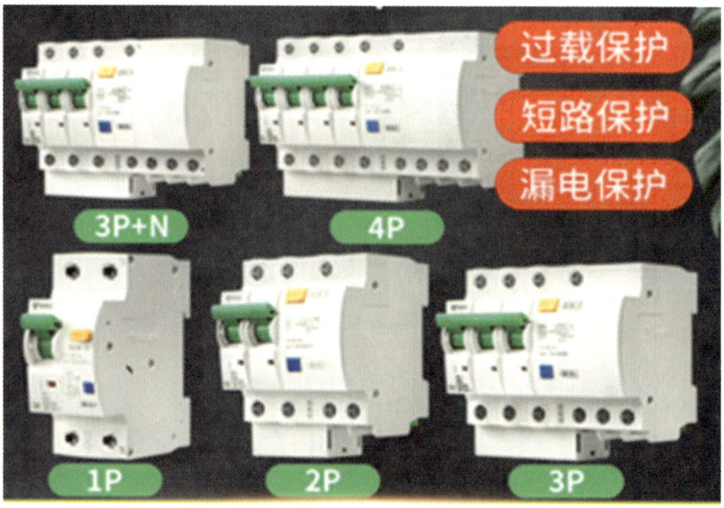

图 1－24　漏电保护装置实例

路器部分主要包括以下部件：过电流脱扣器（双金、电磁系统）、灭弧装置（灭弧系统）、触头系统、外壳和接线端子、操作机构（手柄、锁扣、跳扣、杠杆）等。漏电保护器（脱扣器）部分主要包括以下部件：电子组件板（控制线路板）、零序电流互感器、漏电脱扣器（由牵引线圈、铁心、弹簧等组成）、漏电指示部分及试验按钮等。

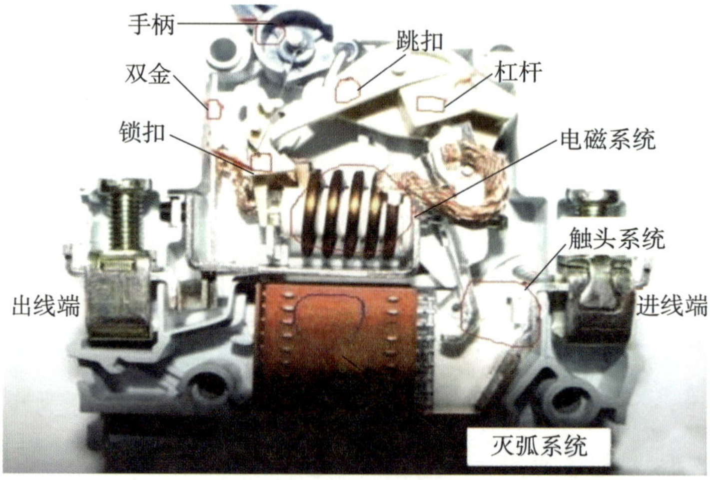

图 1－25　断路器结构实例

断路器过载保护功能是利用双金属随着温度升高而定向按规律弯曲的原

理，正常电流（1.13 In）时弯曲角度不大，推力不足以使脱扣机构脱扣，当达到过载电流（1.45 In）时弯曲角度增大，推力足以推动脱扣机构断开电路，实现过载保护。

断路器短路保护功能是利用瞬时脱扣器（电磁系统），电磁吸力与电流和匝数之积成正比，产生的短路电流与正常工作电流相差几倍以至几十倍或更大，导致电磁吸力成倍增加，克服反力弹簧，推动脱扣机构断开电路，实现短路保护。

漏电保护器（脱扣器）的工作原理：当无漏电流或漏电流达不到动作电流时，零序电流互感器感应出的电压不足以触发可控硅 G 极（控制极），此时 A 极（阳极）与 K 极（阴极）之间相当于一个大电阻（达 1 MΩ 以上），脱扣器线圈一般为 30～60 Ω，断路器处于正常合闸状态。当零序电流互感器感应出的电压能触发可控硅 G 极时，此时 A 与 K 两端完全导通，电阻几乎为 0，全部压降加在脱扣器线圈两端，脱扣器线圈产生足够大的吸力，带动脱扣机构动作，从而切断电源，实现自我保护，如图 1－26 所示。

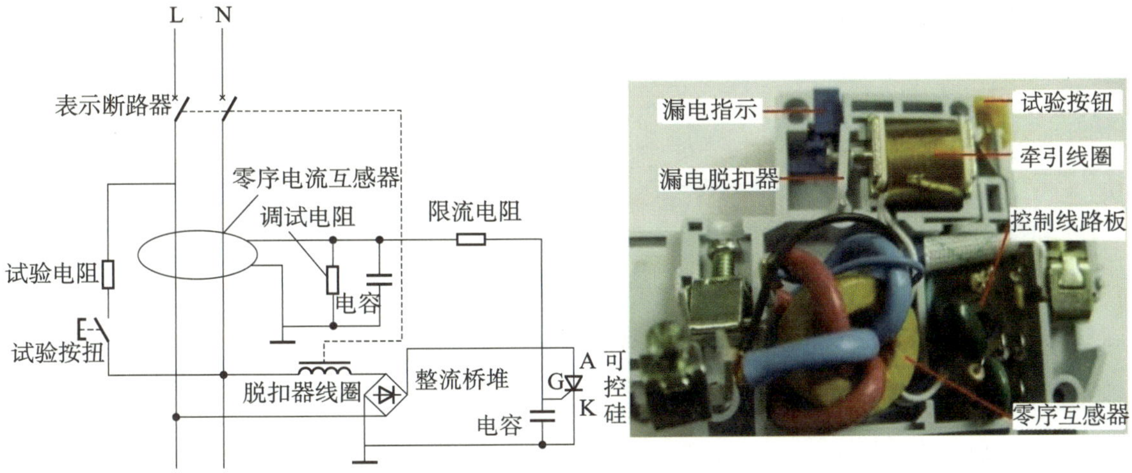

图 1－26　脱扣器结构实例

断路器与漏电保护器（脱扣器）两部分拼装起来就构成一个完整的漏电断路器，具有过载、短路、漏电保护功能，根据用户要求还可增加过压保护功能，过压保护功能的实现是由漏电保护器的电子组件板增加功能而实现的。

②漏电保护装置的选用

（a）选用标准

为防止人身触电事故，用于直接接触电击防护时，应选用额定动作电流为30 mA及以下的高灵敏度、快速型漏电保护装置，动作时间不大于0.1 s。

（b）需要安装漏电保护装置的场所

1）Ⅰ类移动式电气设备及手持式电动工具；2）安装在潮湿、强腐蚀性等恶劣场所的电气设备；3）建筑施工工地的电气施工机械设备；4）暂设临时用电的电气设备；5）宾馆、饭店及招待所的客房内插座回路；6）机关、学校、企业、住宅等建筑物内的插座回路；7）游泳池、喷水池、浴池的水中照明设备；8）安装在水中的供电线路和设备；9）医院中直接接触人体的电气医用设备；10）其他需要安装漏电保护器的场所。

在浴室、游泳池、隧道等电击危险性很大的场合，应选用高灵敏度的漏电保护装置。在建筑工地、金属构架上等电击危险性大的场合，Ⅰ类移动式设备应配用高灵敏度漏电保护装置。用于防止漏电火灾的漏电报警装置的动作电流可在100～500 mA范围内选择。

1.2.3 事故案例

1.2.3.1 某单位因工触电死亡事故

（1）事故经过

某年，某单位机加班组的组长刘某向生产制造部领导赵某申请在厂房内加装六台壁扇。生产制造部领导赵某同意并安排进行此项工作。张某身穿蓝大褂、皮凉鞋，携带铝合金梯子，带电进行壁扇的安装工作。在安装第六台壁扇的过程中，张某触电死亡。

（2）直接原因

1）张某操作时违章带电作业；

2）张某安全意识淡薄，严重违反劳动保护用品穿戴规定，上岗作业未穿电工工作鞋；

3）张某操作时架梯摆放不合理，将铝合金架梯置于机床金属部位上，从而导致张某在操作过程中因左手触及带电导线使电流通过人体、金属架梯碰及机床金属部位与大地间构成回路触电身亡。

（3）间接原因

作业人员违章作业无人制止，作业现场未安排监护人员。

（4）防范措施

1）严格执行安全生产规章制度，加强岗位安全操作规程的教育培训，落实作业现场安全技术交底；

2）作业人员必须持证上岗，穿戴与作业内容相匹配的劳动防护用品，作业现场配置安全监护人员；

3）加强作业现场安全监督，出现违章指挥、违章操作、违反劳动纪律的“三违”行为必须及时制止，整改完成后方可继续作业。

1.2.3.2　高压配电室电弧烧伤事故

（1）事故经过

某时，某公司电工带领检测人员进入高压配电室执行检测任务。进入配电室后，该公司电工将配电室内配电柜后门逐一打开期间，检测人员开始使用检测低压配电柜的相序表对××号配电柜进线电缆接线端头进行相序检测，发生电弧放电，导致现场检测人员和陪同电工三人不同程度烧伤，高压配电柜损坏。

（2）直接原因

检测人员操作错误，使用检测低压配电柜的相序表对高压配电柜进行相序检测，产生电弧放电。

（3）间接原因

1）事故单位员工安全规章、规程执行不到位。该公司电工未经审批违规打开带电高压配电柜门；检测人员违反检测程序，开展检测前未对配电柜外观及结构进行检查。

2）相关方安全告知与技术交底不到位。该公司对检测陪同工作布置不具体，陪同人员不知悉当日检测项目及具体工作，未将高压配电柜操作的危险因素向检测人员进行告知。

3）检测人员也未对检测项目、检测环境等信息与现场陪同人员进行确认。

4）作业人员安全教育不到位。作业人员对检测工作存在的安全风险认识不充分，作业人员缺乏安全生产的操作技能和防范事故的能力。

（4）防范措施

1）严格执行各项安全管理规章制度。制定有针对性、可检查的岗位安全告知书，强化员工安全意识，严格执行“做事有依据，做事按依据，做事留记录”的工作原则；强化作业过程监督检查，开展违章作业行为专项治理；强化奖惩，提升安全管理规章制度执行力。

2）加强配电室安全管理。加强对电气作业人员培训；严格执行配电室安全操作规程，配电室倒闸作业严格执行工作票、操作票制度，工作票、操作票记录完整；完善配电室各类安全警示标识、围栏等安全防护措施，确认各类安全用具完备并检定合格。

3）强化相关方安全管理。规范安全生产协议签署，明确相关方安全教育培训、安全告知内容和形式要求；涉及相关方作业要制定安全保障方案并经评审通过；定期组织对相关方作业进行安全监督检查。

1.3 电路故障事故及防护措施

电路故障事故是指电能在传递、分配、转换过程中由于失去控制而造成的事故。断路、短路、接地、漏电、电气设备或电气元件损坏等都属于电路故障事故。电路故障事故不但会威胁人身安全，而且也会严重损坏电气设备。

1.3.1　常见电路故障类型及产生原因

1.3.1.1　断路

断路（见图 1 - 27）是当电路某处断开，电路中无电流通过，导致电气设备设施不能工作的情况。造成断路的主要原因有电线断开、线头脱落、接触不良等。

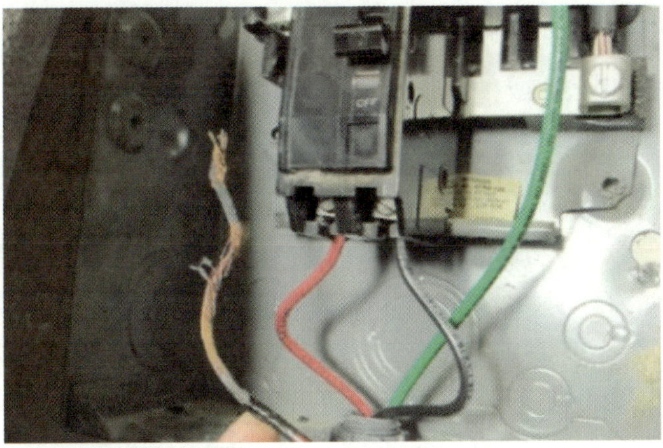

图 1 - 27　断路实例

1.3.1.2　短路

短路（见图 1 - 28）是指应该完全绝缘不该连通的两点之间直接连通，两点之间是零阻抗、零电压，电流完全被旁路导通。造成短路的主要原因是电力系统正常运行情况以外的相与相之间或相与地（或中性线）之间的接通。例如火线和零线直接接通；电线或电气设备设施的绝缘皮由于老化而破损，致使火线和零线直接接通。发生短路时，电路中的电阻很小，相当于导线的电阻，电路中的电流会很大。

1.3.1.3　过载

过载（见图 1 - 29）是指同时使用的电气设备过多，总功率过大，使电路中的电流过大，超过电路允许通过的电流，致使保险丝熔断、烧坏电能表或造

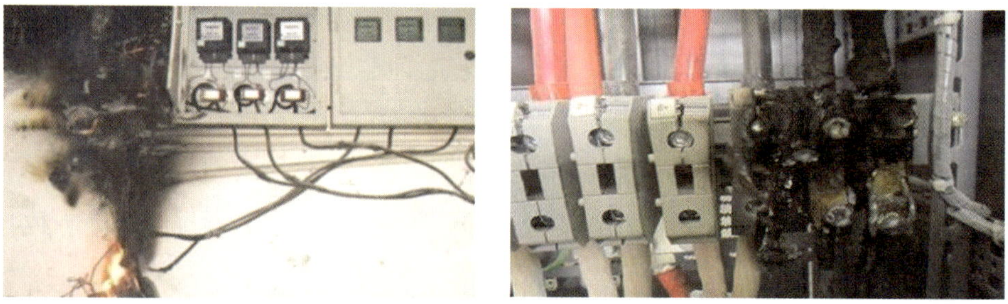

图 1－28 短路实例

成电气设备两端电压低于额定电压而不能正常工作。例如多个用户集中同时使用多个大功率的电气设备或一个插座上使用多个大功率的电气设备。

图 1－29 过载实例

1.3.1.4 漏电

漏电是指应该完全绝缘不该导通的两点之间，由于绝缘不好产生了一些电流旁路导通现象，但因漏电阻不为零，两点之间还存在有电压，旁路的电流只是一部分。例如，电气设备由于长期使用或接线不当，造成火线和其他不能带电的导体直接或间接接触，形成漏电，容易造成触电事故。

1.3.2 电气设备防触电保护

防触电保护分四类，即零类设备、一类设备、二类设备和三类设备。航天电子常用防触电保护电气设备有一类设备、二类设备和三类设备。

1.3.2.1　零类设备

零类设备是仅靠基本绝缘作为防触电保护的设备，当设备有能触及的可导电部分时，该部分不与设施固定布线中的保护（接地）线相连接，一旦基本绝缘失效，则安全性完全取决于使用环境。

零类设备的保护最差，而且想附加上一些措施也很难，它的设备外壳一般没有留下任何可以连接的端子，这类设备现在已经很少了。

这类设备过去曾大量应用，它具有机械强度高的金属外壳，但它只靠一层基本绝缘来防电击，且不具备经 PE 线接地的手段。例如虽具有金属外壳但电源插头没有 PE 线插脚的台灯等属于零类设备（见图 1 - 30）。

图 1 - 30　零类设备实例

1.3.2.2　一类设备

一类设备实际上就是采取了保护接地和保护接零的设备，在接通电源的同时，保护线也一并被连接上。常见的电气设备如三孔的电源插座就是一类设备（见图 1 - 31），一个孔接通火线，一个孔接通工作零线，还有一个孔接通保护线，也就是 PE 线。

1.3.2.3　二类设备

二类设备的防触电保护不仅靠基本绝缘，还具备双重绝缘或加强绝缘这样的附加安全措施。这种设备不采用保护接地的措施，也不依赖于安装条件。二类设备在其明显部位应有“回”形标志（见图 1 - 32）。

图 1-31　一类设备实例

图 1-32　二类设备实例

1.3.2.4　三类设备

三类设备的防触电保护依靠安全特低电压供电，且设备内可能出现的电压不会高于安全特低电压。三类设备从电源方面就保证了安全，应注意三类设备不得具有保护接地手段（见图 1-33）。

图 1-33　三类设备实例

1.3.3 事故案例

1.3.3.1 变电站短路事故

（1）事故经过

某时，某单位在完成变电站××条馈电回路的 6 kV 高压电力电缆中的第×路电缆倒接工作后，按工作程序对×××号高压开关柜进行送电操作，作业人员在将开关小车由试验位置推到运行位置的过程中突发相间短路事故，最终导致 3 人死亡，1 人重伤。

（2）直接原因

“接地刀闸操作手柄”被误放在开关小车上动触头母排上，导致开关小车由试验位置推到运行位置过程中发生短路。

（3）间接原因

值班员未严格执行变电站运行操作规程，操作前未认真检查。

（4）防范措施

1）变电站所有工具放置在固定地点，并标明工具名称、数量；

2）工作终结清理现场、清点工具；

3）进一步加强电气作业人员安全意识教育，组织深入学习本岗位安全操作规程和电气安全工作规程，并组织考试；

4）组织分析高压电力运行工作中的危险操作，实施表格化管理；

5）严格落实变电站运行操作规程，落实“两票”制度、许可监护制度。

1.3.3.2 某科技公司电镀自动线排除故障触电事故

（1）事故经过

某时，某科技公司电镀车间，电镀线 7 号铜缸电路短路引发冒烟燃烧，一名电镀工人进入电镀自动线排除故障时触电死亡。

(2) 直接原因

该员工安全意识淡薄，在未切断电源，未按操作规程穿戴防护手套、胶鞋的情况下，冒险进入电镀线漏电铜缸上部排除故障，当踏入漏电铜缸上部，肢体接触到漏电铜缸部件时，被电击致死。

(3) 间接原因

1) 该公司未按制定的《事故隐患排查与治理管理制度（安全检查管理制度）》和《事故隐患排查治理专项工作方案》开展公司隐患排查治理工作；

2) 公司级综合性、节假日前隐患排查主要负责人未负责牵头、组织；

3) 公司各部门未按制度开展每月一次的定期隐患排查治理工作。

(4) 防范措施

1) 公司要按《中华人民共和国安全生产法》规定设置安全管理机构或配备专职安全管理人员，避免职责不清，管理不到位情况出现；

2) 公司安全生产主要负责人应由公司法人代表或实际控制人担任，确保安全主体责任得到有效落实；

3) 严格按公司《事故隐患排查与治理管理制度（安全检查管理制度）》落实隐患排查治理工作，并采取技术、管理措施，消除事故隐患，杜绝类似事故的再次发生。

1.4 电气火灾爆炸事故及防护措施

电气火灾爆炸事故是电能通过电气设备及线路转化成热能，并成为火源所引发的火灾爆炸事故，可能造成人身伤亡和设备损坏事故，还可能造成大规模或长时间停电。配电线路、高低压开关电器、熔断器、插座、照明器具、电动机和电热器具等电气设备均可能引起火灾爆炸事故。

航天电子行业生产过程中，主要在涉及危险化学品存储、转运、使用等易燃易爆作业环节，易发生电气火灾爆炸事故。

1.4.1　电气引燃源

火灾爆炸事故的发生，引燃源、可燃物、助燃剂（氧化剂）是必不可少的条件，其中引燃源是最根本的条件。导致电气火灾爆炸事故的引燃源主要有两种形式：一种是电气设备或线路上产生的危险温度；另一种是电火花与电弧。

1.4.1.1　危险温度

危险温度现象在电气设备的运行中屡见不鲜，其成因多种多样。一方面，旋转的电气设备因部件间的摩擦而自然生热；另一方面，当电流通过设备内部的导体时，电能会转化为热能，导致导体发热。此外，多种不良状况如接触不良、过载运行、短路故障、绝缘层的损坏、操作失误以及设备老化等，都可能成为引发高温的潜在因素。值得注意的是，绝缘材料在特定条件下也可能成为热量的来源，尤其是在其性能下降或受损时。而在电气设备的铁心内部，当磁通量发生变化时，会产生涡流效应和感应电流，这些现象同样伴随着热量的产生。这是因为铁心内的微小粒子（如磁畴）会随磁通方向不断转动，这一过程中粒子间的相互摩擦最终转化为热能，加剧了设备温度的上升。危险温度分类如图 1 - 34 所示。

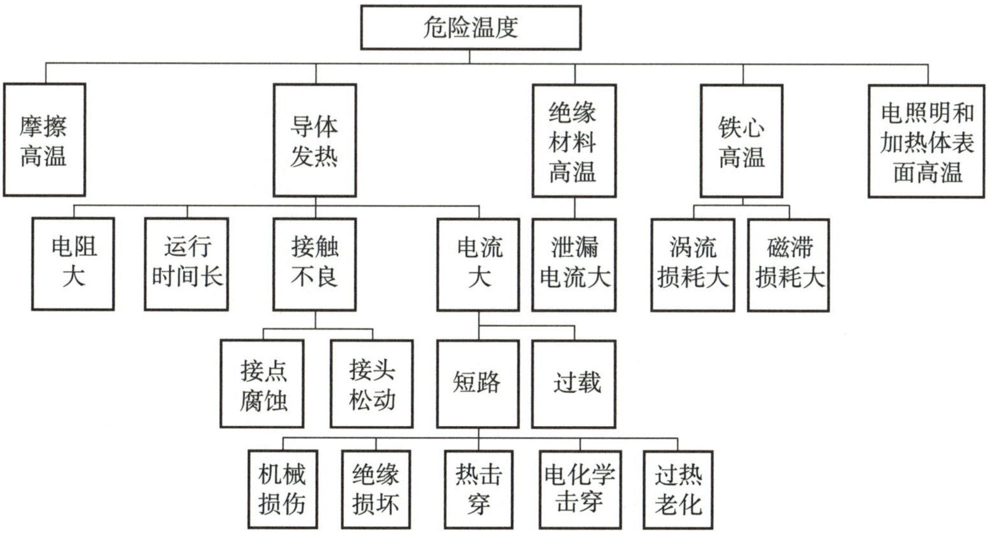

图 1 - 34　危险温度分类

1.4.1.2　电火花及电弧

（1）电火花

电火花是电极之间的击穿放电。电火花一般分为三类。

1）工作火花。电气设备正常工作或正常操作过程中产生的火花。例如，刀开关、短路器等接通或断开时，插销拔出或者插入时产生的火花。一般工作火花正常时应无引燃危险，但异常时可能引发火灾，例如三相刀开关不同时闭合等。

2）事故火花。电气线路或设备发生故障时产生的火花。例如短路、保险丝熔断等过程中产生的火花。

3）其他火花。雷电、静电、电磁感应等引起的火花。

（2）电弧

电弧是电极之间的击穿放电形成电火花，大量电火花汇集成电弧，电弧高温可达 8 000 ℃，能使金属熔化、飞溅，构成火源。在爆炸危险场所，电火花和电弧会成为引燃源。

在电路中，当分断电路的时候，会产生电弧。特别是在高压状态下，要把电路切断，把电弧灭掉，因此高压断路器内部有灭弧功能，它能够把电弧灭掉，这时电路才真正断开了。

1.4.2　危险物质和危险环境

1.4.2.1　爆炸性物质分类、分级和分组

（1）爆炸性物质分类

爆炸性物质分以下三类：

1）Ⅰ类：矿井甲烷（CH_4）；

2）Ⅱ类：爆炸性气体或蒸气；

3）Ⅲ类：爆炸性粉尘、纤维。

（2）爆炸性物质分级、分组

按爆炸性气体混合物的最大试验安全间隙（MESG）或最小点燃电流比（MICR）对爆炸性物质分级、分组。

（a）最大试验安全间隙

最大试验安全间隙是指标准规定试验条件下，壳内所有浓度的被试气体或蒸气与空气的混合物点燃后，通过 25 mm 长的接合面均不能点燃壳外爆炸性气体混合物的外壳空腔两部分之间的最大间隙。

（b）最小点燃电流比

最小点燃电流比是各种可燃物质的最小点燃电流值与实验室的甲烷的最小点燃电流值之比。

最小点燃电流比能够表征不同气体的危险引燃程度。爆炸性气体按引燃温度分为 T1～T6 六个组别。T6 引燃温度最低，最危险。

（c）按爆炸性气体混合物的最大试验安全间隙或最小点燃电流比分级

按爆炸性气体混合物的最大试验安全间隙或最小点燃电流比可以将爆炸性物质划分为以下几类：

1）Ⅱ类爆炸性气体（分 3 级）：ⅡA、ⅡB、ⅡC。

2）Ⅲ类爆炸性粉尘（分 2 级）：Ⅲ A、Ⅲ B。

（d）按引燃温度即自燃点分组

1）Ⅱ类爆炸性气体（分 6 组）：T1、T2、T3、T4、T5、T6。

2）Ⅲ类爆炸性粉尘（分 3 组）：T11 、T12 、T13。

表 1-5 和表 1-6 分别为爆炸性气体的分类、分组和分级，爆炸性粉尘的分组、分级。

表 1-5　爆炸性气体的分类、分组和分级

类和级	最大试验安全间隙/mm	最小点燃电流比	引燃温度(℃)及组别					
			T1	T2	T3	T4	T5	T6
			$T>450$	$300<T\leqslant 450$	$200<T\leqslant 300$	$135<T\leqslant 200$	$100<T\leqslant 135$	$85<T\leqslant 100$
Ⅰ	1.14	1.0	甲烷					
ⅡA	0.9～1.14	0.8～1.0	乙烷、丙烷、丙酮、氯苯、苯乙烯、氯乙烯、甲苯、苯胺、甲醇、一氧化碳、乙酸乙酯、乙酸、丙烯腈	丁烷、乙醇、丙烯、丁醇、乙酸丁酯、乙酸戊酯、乙酸酐	戊烷、己烷、庚烷、癸烷、辛烷、汽油、硫化氢、环己烷	乙醚、乙醛	—	亚硝酸乙酯
ⅡB	0.5～0.9	0.45～0.8	二甲醚、民用煤气、环丙烷	环氧乙烷、环氧丙烷、丁二烯、乙烯	异戊二烯	—	—	—
ⅡC	≤0.5	≤0.45	水煤气、氢、焦炉煤气	乙炔	—	—	二硫化碳	硝酸乙酯

表 1-6　爆炸性粉尘的分组、分级

种类和级别		引燃温度(℃)及组别		
		T11	T12	T13
		$T>270$	$200<T\leqslant 270$	$140<T\leqslant 200$
ⅢA	可燃性飞絮	木棉纤维、烟草纤维、纸纤维、亚硫酸盐纤维、人造毛短纤维、亚麻	木质纤维	—
ⅢB	非导电性爆炸性粉尘	小麦、玉米、砂糖、橡胶、染料、苯酚树脂、聚乙烯	可可、米糖	—
ⅢC	导电性爆炸性粉尘	镁、铝、铝青铜、锌、钛、焦炭、炭黑	铝(含油)、铁、煤	—

1.4.2.2 危险环境划分

（1）气体、蒸气爆炸危险环境

根据爆炸性气体混合物出现的频繁程度和持续时间，将气体、蒸气爆炸危险环境分为 0 区、1 区、2 区。

① 0 区（0 级危险区域）

正常运行时连续/长时间出现或短时间频繁出现爆炸性气体、蒸气或薄雾的区域，例如，油罐内部液面上部空间。

② 1 区（1 级危险区域）

正常运行时可能出现（预计周期性出现或偶然出现）爆炸性气体、蒸气或薄雾的区域，例如，油罐顶上呼吸阀附近。

③ 2 区（2 级危险区域）

正常运行时不出现，即使出现也只可能是短时间偶然出现爆炸性气体、蒸气或薄雾的区域，例如，油罐外 3 m 内。

（2）粉尘爆炸危险环境

粉尘爆炸危险环境是指生产设备周围环境中，悬浮粉尘量足以引起爆炸，以及在电气设备表面形成层积状粉尘而可能形成自燃或爆炸的环境。

粉尘爆炸危险环境按照粉尘量的大小、爆炸极限的高低和通风条件，划分为 20 区、21 区、22 区。

① 20 区

在正常运行过程中可燃性粉尘连续出现或经常出现，其数量足以形成可燃性粉尘与空气混合物和/或可能形成无法控制和极厚的粉尘层的场所及容器内部。

② 21 区

在正常运行过程中，可能出现粉尘量足以形成可燃性粉尘与空气混合物但未划入 20 区的场所。

该区域包括，与充入或排放粉尘点直接相邻的场所、出现粉尘和正常操作情况下可能产生可燃浓度的可燃性粉尘与空气混合物的场所。

③ 22 区

在异常条件下，可燃性粉尘偶尔出现并且只是短时间存在、可燃性粉尘偶尔堆积或可能存在粉尘层并且产生可燃性粉尘空气混合物的场所。

如果不能保证排除可燃性粉尘堆积或粉尘层时，则应划分为 21 区。

1.4.3 防爆电气设备

（1）防爆电气设备类型

1）按照使用环境，防爆电气设备主要分为：Ⅰ类——煤矿井下用电气设备；Ⅱ类——工厂用电气设备（航天电子常见）。

2）按防爆结构形式，防爆电气设备主要分为以下类型（括弧内字母为该类型标志字母）。

a）隔爆型（d）：把设备可能点燃爆炸性气体混合物的部件全部封闭在一个外壳内，其外壳能够承受通过外壳任何接合面或结构间隙渗透到外壳内部的可燃性混合物在内部爆炸而不损坏，并且不会引起外部由一种、多种气体或蒸气形成的爆炸性环境的点燃。该类型设备适用于 1 区、2 区危险环境。

b）增安型（e）：对在正常运行条件下不会产生电弧、火花的电气设备进一步采取一些附加措施，提高其安全程度，减少电气设备产生危险温度、电弧和火花的可能性。它不包括在正常运行情况下产生火花或电弧的设备。该类型设备主要用于 2 区危险环境，部分种类可以用于 1 区。

c）本质安全型（i）：在设备内部的所有电路都是由标准规定条件下产生的任何电火花或任何热效应均不能点燃规定的爆炸性气体环境的本质安全电路。该防爆型式分为 ia，ib 两个等级。该类型设备只能用于弱电设备中，ia 适用于 0 区、1 区、2 区危险环境，ib 适用于 1 区、2 区危险环境。

d）正压型（p）：该类型设备按照保护方法可以用于 1 区、2 区危险环境。

e）油浸型（o）：该类型设备适用于 1 区、2 区危险环境。

f）充砂型（q）：该类型设备适用于 1 区、2 区危险环境。

g）无火花型（n）：该类型设备仅适用于 2 区危险环境。

h）浇封型（m）：该类型设备适用于 1 区、2 区危险环境。

i）特殊型（s）：指国家标准未包括的防爆型式。

j）粉尘防爆型：采用限制外壳最高表面温度和采用“尘密”或“防尘”外壳来限制粉尘进入，以防止可燃性粉尘点燃。根据其防爆性能，可选用于 20 区、21 区或 22 区危险环境。

（2）防爆电气设备的标志

1）防爆型电气设备外壳的明显处，须设置清晰的永久性凸纹标志。设备铭牌的右上方应有明显的“Ex”标志。

2）防爆标志表示法：防爆型式，类别，级别，组别。例如，dⅡBT3——表示Ⅱ类 B 级 T3 组的隔爆型电气设备；iaⅡAT5——表示Ⅱ类 A 级 T5 组的 ia 级本质安全型电气设备。如有一种以上复合防爆型式，应先标出主体防爆型式，然后标出其他防爆型式。例如，epⅡBT4——表示主体为增安型，并有正压型部件的防爆型电气设备。

（3）防爆电气设备的选型

对于气体、蒸气爆炸危险环境电气设备的选型，可以依照表 1－7 进行选择。

表 1－7　气体、蒸气爆炸危险环境电气设备选型

电气设备类别	爆炸危险环境区别											
	0 区				1 区				2 区			
	本质安全型(ia)	本质安全型(ib)	隔爆型	正压型	油浸型	增安型	本质安全型	隔爆型	正压型	油浸型	增安型	无火花型
笼型感应电动机			○	○		△		○	○		○	○
直流电动机			△	△				○	○		○	
变压器(包括启动用)			△	△		×		○	○	○	○	

续表

电气设备类别	爆炸危险环境区别											
	0 区				1 区				2 区			
	本质安全型(ia)	本质安全型(ib)	隔爆型	正压型	油浸型	增安型	本质安全型	隔爆型	正压型	油浸型	增安型	无火花型
开关、短路器			○					○				
熔断器			△					○				
控制开关及按钮	○	○	○		○		○	○		○		
操作箱、柜			○	○				○	○			
配电盘			△					○				
固定式灯			○			×		○			○	
携带式电池灯			○					○				
指示灯类			○			×		○			○	
镇流器			○			△		○			○	
信号、报警装置	○	○	○	○		×	○	○	○		○	
插接装置			○					○				
电气测量表计			○	○		×		○	○		○	

注：○表示适用；△表示尽量避免；×表示不适用。

(4) 粉尘防爆电气设备外壳的分类

粉尘防爆电气设备外壳按其限制粉尘进入设备的能力分为以下两类。

1) 尘密外壳：外壳防护等级为 IP6X，标志为 DT；

2) 防尘外壳：外壳防护等级为 IP5X，标志为 DP。

1.4.4 电气火灾爆炸事故防范措施

(1) 消除或减少爆炸混合物

1) 封闭式作业，防止爆炸混合物泄漏。

2) 设置正压室，防止爆炸混合物侵入。

3) 开式作业或通风，稀释爆炸混合物浓度。

4）填充惰性气体，防止形成爆炸混合物。

5）清理现场积灰，防止爆炸混合物积累。

6）安装报警装置，浓度达到限值报警。

（2）消除引燃源

1）根据危险环境的性质和类别选择适宜的电气设备、线路。

2）电流、电压、弯度等不超过允许范围，绝缘良好、连接和接触良好等。

3）保持设备清洁，杜绝设备污尘造成的绝缘破坏、通风不良，造成事故火花等。

（3）隔离和间距

1）10 kV 以上的室内充油设备，应按充油量分别采取安装隔板、隔墙，或设置隔间等措施。

2）10 kV 变配电室不得设在爆炸环境的正上方或者正下方。

3）配电室允许通过走廊或者套间与火灾危险环境相通，但走廊或套间应为非燃材料制成。

4）隔墙上与变配电室连通的管、沟道、孔洞等，应用非燃材料进行封堵。

5）毗邻变配电室的门窗应向外开。

6）室外变配电装置不应设置在易于沉积可燃粉尘或纤维的地方。

7）起重机滑触线的下方，不应堆放易燃物品。

（4）爆炸危险环境接地和接零

1）为防止触电，不要求接地或接零的部位（直流 110 V 以下的电气设备）也应接地或接零，并实施等电位连接。

2）将所有设备的金属部分、金属管道以及建筑物的金属结构全部接地或接零，并连接成连续整体。

3）采用 TN－S 系统，装设双极开关，同时操作相线和中性线。

4）在不接地配电网中，必须装设一相接地时或严重漏电时能自动切断电源的装置。

1.4.5　事故案例

山西重大火灾事故

（1）事故经过

某日，太原市某游乐公司冰雕馆发生重大火灾事故，造成 13 人死亡，15 人受伤，过火面积约 2 258 平方米，直接经济损失 1 789.97 万元。

（2）直接原因

当日景区 10 kV 供电系统故障维修结束恢复供电后，景区电力作业人员在将自备发电机供电切换至市电供电时，违章操作，带负荷快速拉合隔离开关，在景区小火车通道照明线路上形成的冲击过电压，击穿了装饰灯具的电子元件造成短路。通道内电器线路设计、安装不规范，采用无漏电保护功能的大容量空气开关无法在短路发生后及时跳闸切除故障，持续的短路电流造成电子元件装置起火，引燃保温材料。

冰雕馆内大量使用易燃可燃的聚氨酯保温材料和聚苯乙烯夹芯钢板，聚氨酯材料燃点低、燃烧速度极快。

（3）间接原因

冰雕游览区游览路线设计复杂，事发时冰雕游览区人为断电，现场无工作人员引导疏散；疏散通道不通畅，5 个出口中有 3 个人为封堵或紧固、1 个无法从内部打开。

（4）防范措施

1）使用正规的设计、施工、监理、验收单位进行建设。

2）人员密集场所室内装修装饰严禁使用聚氨酯、聚苯乙烯等易燃可燃材料作为保温材料。

3）安全培训、应急演练、安全检查和隐患治理要到位。

4）电力作业人员要持证上岗。

1.5 雷电事故及防护措施

雷电事故是由于雷电的放电作用对人体或其他物体造成的伤害和破坏。

雷电是一种自然现象（见图 1－35）。雷电放电具有电流大、电压高等特点。其能量释放出来可能产生极大的破坏力。雷击除可能毁坏设施和设备外，还可能直接伤及人、畜，引起火灾和爆炸。有关资料表明，全球平均每年因雷电灾害死亡人数超过 3 000 人，直接损失 80 亿元。

图 1－35　雷电

1.5.1　雷电的种类

1.5.1.1　按照放电形式分类

（1）线形雷

线形雷是一种蜿蜒曲折，枝杈纵横的巨型电气火花，长 2～3 km，也有的长达 10 km，线形雷是闪电中最强烈的一种，对电力、电信系统及人畜和建筑物等威胁最大。

（2）片形雷

片形雷是出现在云的表面上的闪光，它有可能是被云块遮没的火花闪电的延光，也可能是在云的上部发出来的丛集的、若隐若现的一种特殊的放电作用的光。这种闪电，表示云中电场的能量虽然已经足够产生放电作用，但是新加入的电量却很少，以致在闪烁放电尚未转变到火花（线状）放电以前，原有的储电量已经用完了，片形雷对电力系统一般只会引进感应过电压。

（3）球形雷

球形雷是一种特殊的雷电现象，简称球雷。球形雷放电时形成发红光、橙光、白光或其他颜色光的火球，是一团处在特殊状态下的带电气体。一旦遇到物体或电气设备会发生燃烧或爆炸，且主要是沿建筑物的孔洞或者开着的门窗进入室内，有的由烟囱或通气管道关进入房内，多数沿带电体消失。

1.5.1.2　按照传播方式分类

（1）直击雷

带电积云与地面目标之间的强烈放电称为直击雷。直击雷的放电过程：当雷云接近地面时，在地面感应出异性电荷，两者组成一个巨大的电容器。雷云中的电荷分布是不均匀的，地面也是高低不平的，因此，其间电场强度也是不均匀的。当电场强度达到 25～30 V/cm 时，即发生雷云向大地发展的跳跃式先驱放电。当先驱放电到达大地时，即发生大地向雷云发展的极明亮的主放电，主放电结束后继续有微弱的余光。直击雷是带电云层（雷云）与建筑物、其他物体、大地或防雷装置之间发生的迅猛放电现象，并由此伴随而产生的电效应、热效应或机械力等一系列的破坏作用。

（2）感应雷

由于静电感应和电磁感应使电压升高称为感应雷。感应雷也称为雷电感应或感应过电压，分为静电感应雷和电磁感应雷，其电压一般不超过 500 kV。

①静电感应雷

静电感应雷是由于带电积云接近地面后，在架空线路导线或其他导电突出物顶部感应出大量电荷引起的。在带电积云放电后，架空线路导线或导电突出物顶部的电荷失去束缚，以大电流、高电压冲击波的形式沿线路导线或导电突出物极快地传播。电压一般为 200～300 kV，最高可达 400～500 kV。

②电磁感应雷

雷电放电时，巨大的冲击雷电流在周围空间产生迅速变化的强磁场，从而在邻近的导体上感应出很高的电动势。如为开口环状导体，开口处可能由此引起火花放电；如为闭合导体环路，环路内将产生很大的冲击电流；如闭合导体环路某处接触不良，则会产生局部发热，形成危险温度。

（3）雷电侵入波

由于雷电电流有极大峰值和陡度，在它周围出现瞬变电磁场，处在瞬变电磁场中的导体会感应出较大电动势，而此瞬变电磁场会在空间一定的范围内产生电磁作用，可以是脉冲电磁波辐射。而这种空间雷电电脉冲波在三维空间范围内对一切电子设备发生作用。因瞬变时间极短或感应的电压过高，以致引起电气设备的过电压。

1.5.2　建筑物防雷分类

建筑物按其重要性、生产性质、遭受雷击的可能性和后果的严重性分为三类。

（1）第一类防雷建筑物

在可能发生对地闪击的地区，遇下列情况之一时，应划为第一类防雷建筑物：

1）凡制造、使用或贮存火炸药及其制品的危险建筑物，因电火花而引起爆炸、爆轰，会造成巨大破坏和人身伤亡者。

2）具有 0 区或 20 区爆炸危险场所的建筑物。

3）具有 1 区或 21 区爆炸危险场所的建筑物，因电火花而引起爆炸，会造成巨大破坏和人身伤亡者。

当一座防雷建筑物中兼有第一、二、三类防雷建筑物时，如果第一类防雷建筑物部分的面积占建筑物总面积的 30%及以上，该建筑物宜确定为第一类防雷建筑物。

(2) 第二类防雷建筑物

在可能发生对地闪击的地区，遇下列情况之一时，应划为第二类防雷建筑物：

1) 国家级重点文物保护的建筑物。

2) 国家级的会堂、办公建筑物、大型展览和博览建筑物、大型火车站和飞机场（注：飞机场不含停放飞机的露天场所和跑道）、国宾馆、国家级档案馆、大型城市的重要给水泵房等特别重要的建筑物。

3) 国家级计算中心、国际通信枢纽等对国民经济有重要意义的建筑物。

4) 国家特级和甲级大型体育馆。

5) 制造、使用或贮存火炸药及其制品的危险建筑物，且电火花不易引起爆炸或不致造成巨大破坏和人身伤亡者。

6) 具有 1 区或 21 区爆炸危险场所的建筑物，且电火花不易引起爆炸或不致造成巨大破坏和人身伤亡者。

7) 具有 2 区或 22 区爆炸危险场所的建筑物。

8) 有爆炸危险的露天钢质封闭气罐。

9) 预计雷击次数大于 0.05 次/a 的部、省级办公建筑物和其他重要或人员密集的公共建筑物以及火灾危险场所。

10) 预计雷击次数大于 0.25 次/a 的住宅、办公楼等一般性民用建筑物或一般性工业建筑物。

当一座防雷建筑物中兼有第一、二、三类防雷建筑物时，如果第一类防雷建筑物部分的面积占建筑物总面积的 30%以下，且第二类防雷建筑物部分的面积占建筑物总面积的 30%及以上，或当这两部分防雷建筑物的面积均小于建筑物总面积的 30%，但其面积之和又大于 30%时，该建筑物宜确定为第二类防雷建筑物。

(3) 第三类防雷建筑物

在可能发生对地闪击的地区，遇下列情况之一时，应划为第三类防雷建筑物：

1）省级重点文物保护的建筑物及省级档案馆。

2）预计雷击次数大于或等于 0.01 次/a，且小于或等于 0.05 次/a 的部、省级办公建筑物和其他重要或人员密集的公共建筑物，以及火灾危险场所。

3）预计雷击次数大于或等于 0.05 次/a，且小于或等于 0.25 次/a 的住宅、办公楼等一般性民用建筑物或一般性工业建筑物。

4）在平均雷暴日大于 15 d/a 的地区，高度在 15 m 及以上的烟囱、水塔等孤立的高耸建筑物；在平均雷暴日小于或等于 15 d/a 的地区，高度在 20 m 及以上的烟囱、水塔等孤立的高耸建筑物。

当一座防雷建筑物中兼有第一、二、三类防雷建筑物时，如果第一、二类防雷建筑物部分的面积之和小于建筑物总面积的 30%，且不可能遭直接雷击，该建筑物可确定为第三类防雷建筑物。

1.5.3　防雷装置

雷击是一种自然灾害，除可能毁坏建筑设施、伤及人身外，在易燃易爆危险场所，还可能引起火灾爆炸事故，所以电气设备应有完善的防雷措施。建筑物和构筑物也应根据具体情况，采取相应的防雷措施。防雷装置由外部防雷装置和内部防雷装置组成（见图 1－36）。

1.5.3.1　外部防雷装置

（1）接闪器

接闪器的工作原理是靠它突出于建筑物，把雷电引向自身，从而通过引下线送入接地极，由接地极再流散到大地的过程。常用的接闪器有避雷针、避雷线、避雷网和避雷带等。

一般采用“滚球法”作为接闪器保护范围计算方法，其半径按建筑物防雷类别确定，一类防雷建筑为 30 m、二类防雷建筑为 45 m、三类防雷建筑为 60 m。

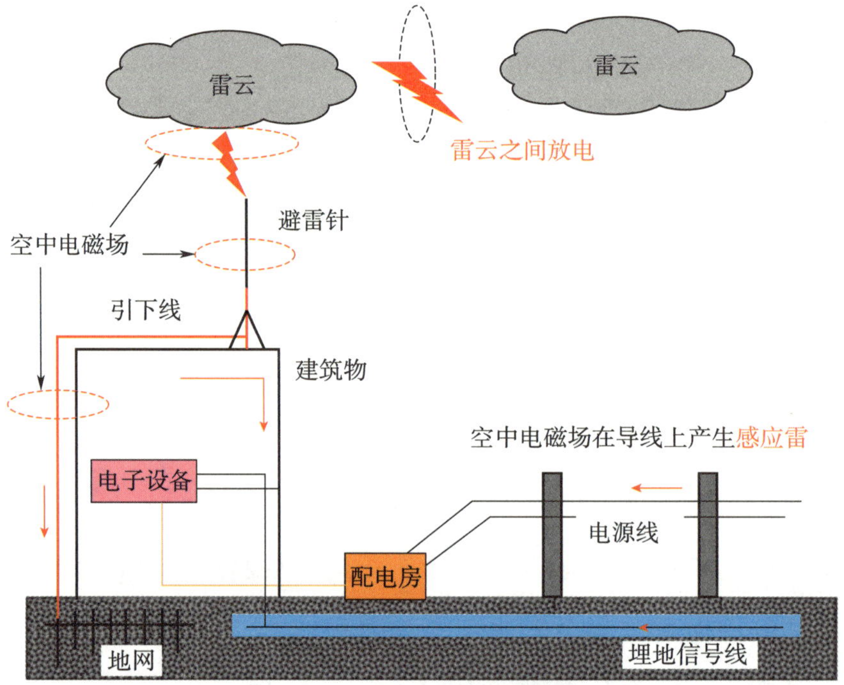

图 1-36　防雷装置示意图

避雷针主要用来保护露天变电设备、烟囱、冷水塔、储存爆炸性或可燃性材料的仓库等建筑物以及高建筑物；避雷线主要用于送电线路的防雷保护，也可用于保护面积较大的发电厂和变电所内的屋外配电装置等。

雷击的放电过程不是突然一下，不是一次性放电，而是若干次逐渐向大地逼近的过程，经过多次放电，在最后一次放电时，才真正击到地面的物体。

（2）引下线

引下线是用来连接接闪器和接地装置的金属导线，应满足机械强度、耐腐蚀和热稳定的要求。

引下线一般采用明敷、暗敷或利用建筑物内主钢筋或其他金属构件作为自然引下线。建筑物的消防梯、钢柱等金属构件宜作为引下线的一部分，其各部件之间均应连成电气通路。

引下线一般采用圆钢或扁钢，其尺寸和防腐蚀要求与避雷网、避雷带相同。例如，用钢绞线作引下线，其截面积不得小于 25 mm^2。用有色金属导线作引下线时，应采用截面积不小于16 mm^2 的铜导线。

(3) 接地装置

接地装置是防雷装置的重要组成部分。接地装置向大地泄放雷电流，限制防雷装置对地电压不致过高。除独立避雷针外，在接地电阻满足要求的前提下，防雷接地装置可以和其他接地装置共用。

防雷接地装置主要考虑接地电阻，防雷接地电阻一定要小于10 Ω。接地电阻可能会由于种种原因而发生变化，因此每年都要在雨季之前进行检测，而且要由有资质的单位来进行检测，各地区的防雷主管单位是其气象部门，企业每年应在雷雨季节之前进行防雷接地电阻的检测。

1.5.3.2 内部防雷装置

内部防雷装置主要由屏蔽导体、等电位连接件和电涌保护器等组成。对于变配电设备，常采用避雷器作为防止雷电波侵入的装置。

(1) 屏蔽导体

屏蔽导体（见图1-37）通常用电阻率小的良导体材料制成，如建筑物的钢筋及金属构件；电气设备及电子装置金属外壳；电气及信号线路的外设金属管、线槽、外皮、网、膜等。屏蔽导体可构成屏蔽层，当空间干扰电磁波入射到屏蔽层金属体表面时，会产生反射和吸收，电磁能量被衰减，从而起到屏蔽作用。

(2) 等电位连接件

等电位连接件可将分开的装置、诸导电物体连接起来，以减小雷电流在它们之间产生的电位差（见图1-38）。

(3) 电涌保护器

电涌保护器（Surge Protective Device，SPD）指用于限制瞬态过电压和分泄电涌电流的器件。其作用是把窜入电力线、信号传输线的瞬态过电压限制在设备或系统所能承受的电压范围内，或将强大的雷电流泄流入地，防止设备或系统遭受闪电电涌冲击而损坏。

电涌保护器的类型和结构按不同的用途有所不同，但它至少包含一个非线

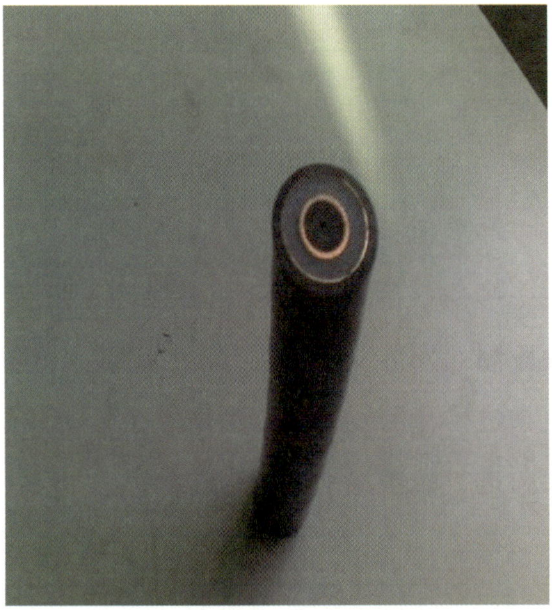

图 1－37　屏蔽导体实物图

图 1－38　等电位连接件实物图

性元件。主要类型有电压开关型（克罗巴型）、限压型（箝压型）、组合型（见图 1－39）。

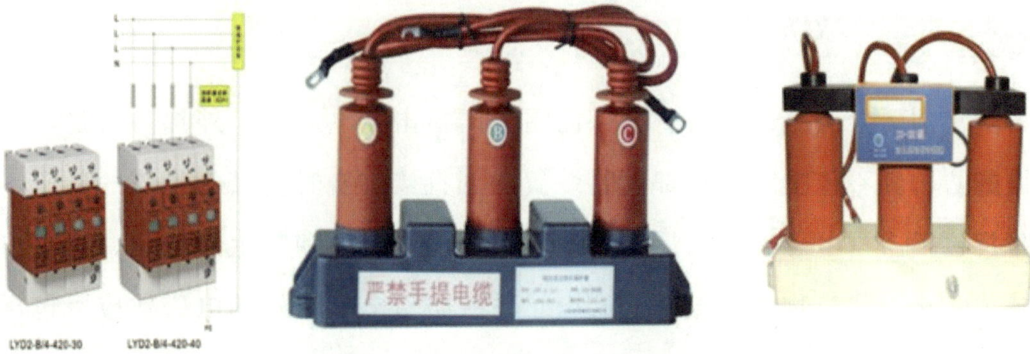

图 1－39　电涌保护器实物图

（4）避雷器

避雷器是一专门的防雷装置（见图 1－40）。避雷器通常连接在电网导线与地线之间，有时也连接在电器绕组旁或导线之间，并联在被保护设备或设施上。避雷器在正常系统工作电压下，呈现高电阻状态，仅有微安级电流通过。一旦出现高电压，且危及被保护设备绝缘时，避雷器立即动作，将高电压冲击电流导向大地，从而限制避雷器两端电压幅值，保护电力线缆和设备绝缘。当过电压消失后，避雷器迅速恢复原状，使电力线路正常工作。

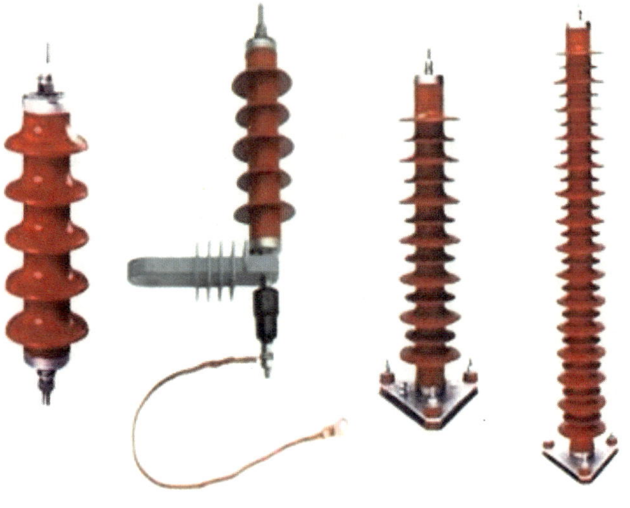

图 1－40　避雷器实例

1.5.4 雷击事故防护措施

防雷主要分为外部防雷、内部防雷和防雷击电磁脉冲。外部防雷是针对直击雷的防护，不包括防止外部防雷装置受到直接雷击时向其他物体的反击。内部防雷包括防雷电感应、防反击以及防雷击电涌侵入和防生命危险。防雷击电磁脉冲防止对建筑物内电气系统和电子系统防雷电流引发的电磁效应，包含防经导体传导的闪电电涌和防辐射脉冲电磁场效应。

根据不同雷电种类，各类防雷建筑物所应采取的主要防雷措施为直击雷防护、感应雷防护、雷电侵入波防护（电涌侵入防护）、防雷击电磁脉冲及人身防雷。

1.5.4.1 直击雷防护

第一类防雷建筑物、第二类防雷建筑物和第三类防雷建筑物的易受雷击部位应采取防直击雷的防护措施。可能遭受雷击，且一旦遭受雷击后果比较严重的设施或堆料，例如，装卸油台、露天油罐、露天储气罐等也应采取防直击雷的措施；高压架空电力线路、发电厂和变电站等也应采取防直击雷的措施。直击雷防护的主要措施为装设避雷针、避雷线、避雷网、避雷带。

1.5.4.2 感应雷防护

第一类防雷建筑物和具有爆炸危险的第二类防雷建筑物均应采取防感应雷防护措施。

（1）静电感应防护

为了防止静电感应产生的高电压，应将建筑物内的金属设备、金属管道、金属构架、钢屋架、钢窗、电缆金属外皮，以及突出屋面的放散管、风管等金属物件与防雷电感应的接地装置相连。

（2）电磁感应防护

为了防止电磁感应，平行敷设的管道、构架、电缆相距不到 100 mm 时，须用金属线跨接，跨接点之间的距离不应超过 30 m，交叉相距不到 100 mm

时，交叉处也应用金属线跨接。

1.5.4.3　雷电侵入波防护（电涌侵入防护）

第一类、第二类和第三类防雷建筑物均应采取防雷电电涌侵入的防护措施。防护措施如下：

1）以第一类防雷建筑物的供电线路要求为例，严于第二、三类。全长采用直埋电缆，入户处电缆金属外皮、钢管与防雷电感应接地装置相连。

2）户外天线的馈线临近避雷针或避雷针引下线时，馈线应穿金属管线或采用屏蔽线，并将金属管或屏蔽接地。

3）如果馈线未穿金属管，又不是屏蔽线，则应在馈线上装设避雷器或放电间隙。

1.5.4.4　防雷击电磁脉冲

雷击电磁脉冲（Lightning Electromagnetic Pulse，LEMP）是一种干扰源，是闪电直接击在建筑物防雷装置和建筑物附近所引起的效应。干扰绝大多数是通过连接导体引入的，例如，雷电流或部分雷电流、被雷击中的装置的电位升高以及电磁辐射干扰。防雷击电磁脉冲措施有以下几种。

（1）屏蔽

建筑物和房间外部设屏蔽措施，以合适的路径敷设线路（合理布线，避免靠近引下线），线路采用屏蔽。

（2）等电位连接

所有与建筑物组合在一起的大尺寸金属件都应与等电位连接在一起。例如，屋顶金属表面、立面金属表面、混凝土内钢筋和金属门窗框架等。

当采用屏蔽电缆时，其屏蔽层应至少在两端并在防雷区交界处做等电位连接。当系统要求只在一端组等电位连接时，应采用两层屏蔽，外层屏蔽按上述要求处理。

（3）接地

每幢建筑物本身应采用共用接地系统（其构成详见 GB 50057）。

（4）合理选用和安装电涌保护器（安装于电源线、信号线进线入口处）

①电压开关型 SPD 工作原理

在无电涌出现时为高阻抗，当出现电压电涌时变为低阻抗。通常采用放电间隙、充气放电管、闸流管和三端双向可控硅元件作这类 SPD 的组件。也称“短路开关型”或“克罗巴型”SPD。计算机通信网络专用 SPD 响应时间≤1 ns 。

②限压型 SPD 工作原理

在无电涌出现时为高阻抗，随电涌电流和电压的增加，阻抗跟着连续变小。通常采用压敏电阻、抑制二极管作这类 SPD 的组件，也称“箝压型”SPD。

③组合型 SPD 工作原理

由上述两种组件组合而成，可显示两者都有的特性。

1.5.4.5　人身防雷

发生雷暴时，由于带电积云直接对人体放电，雷电流入地产生对地电压，以及二次放电等都可能对人造成致命的电击。

1）发生雷暴时，应尽量减少在户外或野外逗留。应尽量离开小山、小丘、隆起的小道，离开海滨、湖滨、河边、池塘旁，避开铁丝网、金属晒衣绳以及旗杆、烟囱、宝塔、孤独的树木附近。不要骑在牲畜上或骑自行车行走；不要用金属杆的雨伞，不要把带有金属杆的工具如铁锹、锄头等扛在肩上。如果有条件，可进入有宽大金属构架或有防雷设施的建筑物、汽车或船只内。

2）为了防止二次放电和跨步电压伤人，要远离建筑物的接闪杆及其接地引下线；远离各种天线、电线杆、高塔、烟囱、旗杆、孤独的树木和没有防雷装置的孤立小建筑或超过一定高度的设备等。在途经建筑屏蔽的街道或高大树木屏蔽的街道时，要注意离开墙壁或树干 8 m 以外，还应尽量离开没有防雷保护的小建筑物或其他设施。

3）雷雨天气情况下，室内人身防雷应注意的要点有：人体最好离开可能传来雷电侵入波的照明线、动力线、电话线、广播线、收音机和电视机电源线、收音机和电视机天线 1.5 m 以上，尽量暂时不用电器，最好拔掉电源插头。不要靠近室内的金属管线，如暖气片、自来水管、下水管等，以防止这些导体对人体的二次放电。关好门窗，防止球形雷窜入室内造成危害。

1.5.5　事故案例

黄岛油库爆炸事故

（1）事故经过

1989 年 8 月 12 日 9 时 55 分，山东省青岛市黄岛油库的 5 号油罐遭受雷击发生爆炸。14 时 35 分左右，与 5 号油罐相邻的 4 号罐发生爆炸，接着 1、2、3 号储量各为 1 万吨的原油罐也相继发生爆炸。至 16 日 17 时，明火全部扑灭，整个灭火行动共耗时 104 小时。事故共造成 19 人死亡，100 多人受伤，直接经济损失 3 540 万元人民币。

（2）直接原因

由于非金属油罐本身存在缺陷，遭受对地雷击时，产生的感应火花引爆油气。

（3）间接原因

1）黄岛油库区储油规模过大，生产布局不合理。

2）混凝土油罐先天不足，固有缺陷不易整改。

3）混凝土油罐只重储油功能，大多数因陋就简，忽视消防安全和防雷避雷设计，安全系数低，极易遭雷击。

4）消防设计错误，设施落后，力量不足，管理工作跟不上。

5）油库安全生产管理存在不少漏洞。

（4）防范措施

1）逐步淘汰非金属油罐，今后不再建造此类油罐。对尚在使用的非金属油罐，研究和采取较可靠的防范措施。提高对感应雷电的屏蔽能力，减少油气泄漏。同时，组织力量对其进行技术鉴定，明确规定大修周期和报废年限，划分危险等级，分期分批停用报废。

2）研究改进现有油库区防雷、防火、防地震、防污染系统；采用新技术、高技术，建立自动检测报警连锁网络，提高油库自防自救能力。

3）各类油品企业及其上级部门必须认真贯彻“安全第一，预防为主”的方针，各级领导在指导思想上、工作安排上和资金使用上要把防雷、防爆、防火工作放在头等重要位置，要建立健全针对性强、防范措施可行、确实解决问题的规章制度。

4）强化职工安全意识，克服麻痹思想。对随时可能发生的重大爆炸火灾事故，增强应变能力，制定必要的消防、抢救、疏散、撤离的安全预案，提高事故应急能力。

1.6 静电事故及防护措施

静电的产生是由于原子核对外层电子的吸引力不够，从而在摩擦或其他因素的作用下发生电子转移，造成摩擦物有的带负电荷（即获得电子的带负电荷），有的带正电荷（失去电子的带正电荷）。在摩擦物绝缘性能比较好的情况下，这些电荷无法流失，就会聚集起来。并且由于绝缘物的电容性极差，从而造成虽然电荷量不大但电压很高的状况。

静电是相对静止的电荷，静电现象是一种常见的带电现象。静电技术作为一种先进技术，在工业生产中得到越来越广泛的应用，如静电喷漆、静电除尘等。但工业生产中的静电会造成多种危害，直接危及人身安全。

针对航天电子具有易燃易爆特性的介质，在其生产、运输、储存和使用过程中经常会产生和积聚静电。如果这些电荷不能及时泄放，逐渐积聚到一定程度，极易发生静电放电，引燃易燃易爆的气体、液体蒸气或悬浮的粉尘与空气形成的可燃混合物，导致火灾甚至爆炸事故，危害人身安全，影响正常生产。

对于航天电子涉及的易燃易爆场所，静电安全防护的主要目标就是预防火灾爆炸。

1.6.1　静电产生原因

1）摩擦起电：物体相互摩擦时，发生接触位置的移动和电荷的分离，产生静电。

2）剥离起电：相互密切结合的物体在剥离时引起电荷分离，产生静电。

3）流动起电：利用管道输送液体，在液体和固体的接触面上形成双电层，随着液体的流动，双电层中的一部分电荷被带走，产生静电。

4）喷出起电：粉体类、液体类和气体类从截面很小的开口处喷出时，流体与喷口摩擦，且流体分子之间又互相摩擦，产生静电。

5）冲撞起电：液体或粉体类的离子之间或离子与固体之间的冲撞，会形成极快的接触和分离，产生静电。

6）破裂起电：固体或粉体类物体破裂时，出现电荷的分离，破坏了正负电荷的平衡，产生静电。

7）感应起电：高压带电体的附近有电场存在，电场中导体内部的自由电子在电场力的作用下发生移动，使导体内部的电荷重新分布，使导体带有电压。

1.6.2　静电危害

静电产生的原因很多，在一些工艺生产过程中，静电的产生不利于生产，特别是在航天电子电气元件、金属氧化物、半导体等生产过程中。静电还会磨损电路，所以在生产过程中，对静电防范不好，就会导致严重爆炸和火灾的危害发生。

穿化学纤维制成的衣物就比较容易产生静电，而棉制衣物产生的静电就较少。而且干燥的环境更有利于电荷的转移和积累，所以冬天人们会觉得身上的静电较大。

在不同湿度条件下，人体活动产生的静电电压有所不同。在干燥的季节，人体静电可达几千伏甚至几万伏。实验证明，静电电压为 5 万伏时人体没有不适感觉，带上 12 万伏高压静电时也没有生命危险。所以，一般冬天人体上带的静电是不会影响人体生理功能的。

（1）火灾爆炸

火灾爆炸是静电最大的危害。静电能量虽然不大，但因其电压很高而容易发生放电。当带电体与不带电或静电电位低的物体互相接近时，如果电位差达到 300 V 以上，就会出现火花放电。静电放电的火花能量，若达到周围可燃物的最小着火能量，而且可燃物在空气中的浓度达到爆炸极限，就会立即发生燃烧或爆炸。

（2）静电电击对人体的危害

静电电击只发生在瞬间，通过人体的电流为瞬时冲击电流，其危害主要表现在直接伤害、二次伤害、精神紧张三个方面。人体遭受电击时，会精神紧张，发生误操作、高空坠落、摔伤或触碰机械造成伤害等后果。

（3）静电对产品的产量和质量、设备以及生产环境的危害

静电可以使生产中的粉体沉积，堵塞管道、筛孔等，造成输送不畅引起系统憋压，超压能导致设备破裂。贮运塑料等产品过程中，静电放电会导致产品熔融、粘结、变色甚至分解变质、报废等。静电放电能量可能导致计算机、生产控制仪表、安全控制系统中的硅元件损坏，引起误操作而酿成事故。

1.6.3　静电事故防护措施

防止静电危害的原则是控制静电的产生和防止静电的积累。控制静电的产生主要是控制工艺过程和合理选择工艺过程所用的材料；防止静电的积累要求设法加速静电的泄漏和中和，使静电不超过安全限度。

（1）工艺控制法

1）限制输送速度：降低液体输送中的摩擦速度，可限制静电的产生。

2）加快静电电荷的逸散：在输送液体物料时，使带电的液体通过管道进入储罐之前，先进入缓冲器内“缓冲”一段时间，从而大大减少带入储罐的电荷。

3）消除产生静电的附加源：如液流的喷溅、容器底部积水受到注入流的搅拌、液体或粉体内夹入空气或气泡、粉尘在料斗或料仓内冲击、液体或粉体的混合搅动等。

4）选用合适的材料来消除静电。

5）适当安排物料的投入顺序可减少静电。

（2）静电屏蔽法

静电屏蔽是将屏蔽导体靠近带静电体放置，以减轻静电放电的危险和防止静电感应的作用。可采取整体屏蔽，也可根据需要采取局部屏蔽，可采用网状屏蔽体，也可采用板状屏蔽体。但需要注意的是，屏蔽并不能消除静电电荷。

（3）静电泄漏法

静电泄漏就是把静电泄放掉。泄漏法包括接地、增湿、加抗静电剂、涂导电涂料等方法。

（4）静电消除器

静电消除器是有效防止绝缘体带电的设备，分为放射线式、外接电源式、自感应式 3 种类型。

（5）防止人体带电

①人体接地

在有静电危害的场所，应注意着装，穿戴防静电工作服、鞋和手套，不得穿用化纤衣物。在人体必须接地的场所，应装设金属接地棒——消电装置，工作人员可随时用手接触接地棒。在坐着工作的场合，工作人员可佩戴接地的腕带（见图 1－41）。

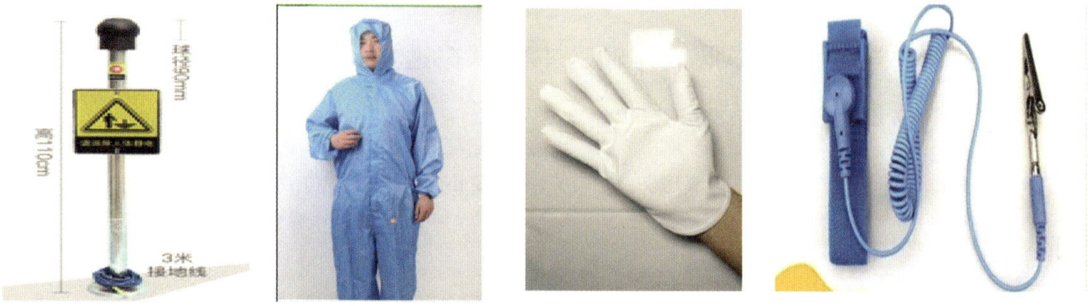

图 1－41　静电消除器、防静电工作服、防静电手套、防静电腕带实例

②工作地面导电化

特殊危险场所的工作地面（自流平等）应是导电性的或造成导电性条件。

③安全操作

不准使用化纤材料制作的拖布或抹布擦洗物体或地面。工作中应尽量不进行促使人体带电的活动。在有静电危险的场所，不得携带与工作无关的金属物品。

1.6.4　事故案例

某厂绝热层固化过程爆炸事故

（1）事故经过

某时，某厂绝热工房在进行绝热层固化过程中发生了一起爆炸事故。爆炸导致加热炉与固化炉之间的隔墙倒塌，空气动力加热炉、卧式硫化罐毁坏（见图 1－42、图 1－43），导致 1 人当场死亡，2 人轻伤。

（2）直接原因

壳体中气囊在气包处破裂，局部形成乙酸乙酯爆炸浓度极限条件；气包处破裂产生了静电，静电积聚产生高压，高压放电产生火花，引起乙酸乙酯与空气的混合物爆燃。

图 1－42　硫化罐屋顶坍塌

图 1－43　动力炉残骸

（3）间接原因

由于技术上对壳体绝热层固化工艺中，气囊破裂时引发壳体内部乙酸乙酯与空气混合物的爆炸危险性认知不足，致使气囊充气介质选择空气不够合理，壳体防静电接地措施不到位。

（4）防范措施

1）将气囊内的压缩气体由空气改为氮气，防止气囊内部出现乙酸乙酯与空气形成爆炸性混合物的可能性，提高工艺本质安全性。

2）完善壳体及其工装静电接地措施。

3）完善绝热层固化工房安全防护设计。

1.7 电磁辐射事故及防护措施

电磁辐射是电磁能量以电磁波的形式通过空间传播的现象，它的传播速度即为人们通常所说的光速。电磁辐射可按其波长、频率排列成若干频率段，形成电磁波谱。频率越高该辐射的量子能量越大，其生物学作用也越强。

1.7.1 电磁辐射的产生

电磁辐射危害是由电磁波形式的能量（电磁场的能量）造成的，可能来自生产、生活领域的内部和外部的电磁辐射源。微波炉、电视机放大电路异常振荡，各种交流整流子电动机的滑动接触，以及日光灯、霓虹灯、高压水银灯电极附近的振荡等可能构成来自内部的电磁辐射源；各类无线电发射台发射的电磁波、汽车点火系统发射的高频电磁波、高压线路电晕放电及沿面放电产生的高频电磁波等是来自外部的电磁辐射源。

电磁辐射的危害还表现为在高大金属设施上产生感应过电压，由于感应电压较高，可能给人以明显的电击，还可能与邻近导体之间发生火花放电。高频电磁波还可能干扰无线电通信和电子设备装置的正常工作，微波炉的频率为915～2 450 MHz，属于对人体伤害较大的频率段。其防护外罩及密封件应保持完好，防止微波泄漏。

电视机等带有高频单元的家用电器正常状态下的电磁辐射是极为有限的，但在发生故障或损坏的情况下，仍有过量辐射的可能。

1.7.2 电磁辐射的危害

电磁辐射既能造成对人体的伤害，也能造成高频感应放电和电磁干扰。

（1）电磁辐射对人体的伤害

人体吸收辐射能量过多，中枢神经系统、心血管系统等部位将受到不同程度的伤害。

①伤害的症状和机理

电磁辐射对人体伤害是由电磁波的能量造成的。

在一定强度的高频电磁波照射下，人体所受到的伤害主要是中枢神经系统功能失调，表现有神经衰弱症状，如头痛、头晕、记忆力减退、睡眠不好、乏力等症状。还表现为植物神经功能失调，如多汗、心悸、食欲不振等症状。此外，还发现心血管系统有某些异常的情况。

在超短波和微波电磁场的照射下，除神经衰弱症状加重外，植物神经功能严重失调，主要表现为心血管系统症状比较明显，如心动过缓或心动过速、血压升高或血压降低、心悸、心区疼痛、心区有压迫感等。这时，心电图、脑电图、脑血流图也有某些异常反应。微波电磁场可能损伤眼睛，导致白内障。

电磁波对人体的伤害包含致热因素和非致热因素。极性分子和离子振动以及涡流都会在人体内产生热量，破坏热平衡导致伤害，高频辐射还能破坏脑细胞的正常工作，使条件反射受到抑制，导致神经系统机能紊乱。

电磁波对人体的伤害具有滞后性和积累性的特点，并可能通过遗传因子影响到后代。

②伤害的特点

电磁辐射对人体的伤害主要具有以下特点：

1）电磁场强度越高，频率越高，对人体的伤害越严重。

2）在参数相同的情况下，脉冲波比连续波对人体的伤害严重。

3）电磁波连续照射时间越长，累计照射时间越长，对人体的伤害越严重。

4）环境温度、湿度越高或散热条件越差，对人体的伤害越严重。

5）距辐射源越近，对人体的伤害程度越大。

6）人体被照射面积越大，伤害越严重；人体血管分布较少的部位传热能力较差，较容易受到伤害。

7）电磁辐射对女性的伤害较男性严重，对儿童的伤害较成人严重。

（2）电磁辐射的安全限值

我国标准对接触电磁辐射的作业者和一般公众做了不同的规定。对于前者，在每天 8 h 工作时间内，任意连续 6 min 照射全身平均比吸收功率小于 0.1 W/kg；对于后者，在一天 24 h 内，任意连续 6 min 照射全身平均比吸收功率小于 0.02 W/kg。

1.7.3　电磁辐射防护措施

对于电磁辐射可采用电磁屏蔽、吸收和抑制、接地、合理布局等方式进行防护。

（1）电磁屏蔽

1）屏蔽方式。分主动屏蔽和被动屏蔽。主动屏蔽是将辐射源置于屏蔽体之内，使电磁波不向外泄漏，这种屏蔽必须接地。被动屏蔽是指屏蔽室、个人防护等屏蔽方式。

2）屏蔽材料。屏蔽体可用板状或网状钢材、铝材制成。板材厚 1 mm 即可满足要求。网材网眼越小、网丝越粗则屏蔽效果越好。必要时可采用双层屏蔽。

3）孔洞和缝隙。孔洞和缝隙将降低屏蔽效率。孔洞直径不宜超过电磁波波长的 1/5，缝隙宽度不宜超过电磁波波长的 1/10。

（2）吸收和抑制

1）电磁吸收。采用石墨粉、炭粉、铁粉、合成树脂粉等材料可实现吸收屏蔽。吸收屏蔽可与普通屏蔽配合使用。吸收屏蔽是利用吸收材料在电磁波作用下达到匹配或发生谐振的原理来工作的。

2）电磁泄漏抑制。利用电磁波能在波导管内自由传播的特点，人为改变电磁波可能传播的金属管的几何尺寸和几何形状，以抑制电磁波的泄漏。

（3）高频接地

高频接地包括高频设备外壳的接地和屏蔽的接地。高频接地线不宜过长。接地线长度最好能限制在电磁波波长的 1/4 之内；如无法达到这一要求，也应避免为波长 1/4 的奇数倍。这样选择接地线的长度可避免沿接地线产生驻波而增强二次辐射。屏蔽接地可明显提高屏蔽效果，屏蔽接地只有一点与接地体连接，以避免产生不平衡电流。高频接地体宜采用铜材制成，为减小接地线自感和其内部涡流损失，高频接地线应采用多股铜线或多层铜片，宜于直立埋设。

（4）高频设备合理布局

作业场所高频设备合理布局可减轻电磁波的干涉、反射和二次反射，以降低工作人员所在地的电磁场强度。

1.8　航天电子主要电气事故风险及管控措施

航天电子涉及用电风险部位有变配电站、危险化学品暂存间、特气供应间、微波暗室等；涉及用电工艺流程有机械加工、印制电路板生产、集成电路生产、电子装联、测试等。主要电气事故类型有上述触电事故、电气火灾爆炸、静电事故、雷击事故、电路故障事故等。

1.8.1　供配电系统

航天电子不涉及 10 kV 以上电压，变配电过程是通过变配电站将 10 kV 电压减至 380 V 和 220 V，再通过配电室将电分配至作业场所的动力配电箱、照明配电箱、应急配电箱，供用电设备设施使用。

根据航天电子用电特点，变配电站存在高压触电事故风险，主要涉及人员为专业高压电工，人数较少；其余配电室、配电箱柜、用电设备设施涉及 380 V 和 220 V 电压，存在低压触电风险，涉及人员为专业低压电工、用电设备设施作业人员，人数较多。触电事故是航天电子主要电气事故类型，且低压触电是航天电子触电事故防范的重点。供配电系统电气事故风险及管控措施见表1-8。

表1-8 供配电系统电气事故风险及管控措施

序号	工艺流程	关键环节	事故类型	管控措施
1	变配电场所	变配电站	雷击事故 触电事故 电路故障事故	布局合理,防雷、防漏水、防渗水、防小动物等安全设施有效,保持操作的安全距离
2	设备设施	变压器、高低压配电装置	触电事故 电路故障事故 电气火灾爆炸事故	油浸式变压器设置防火防爆设施;高低压配电装置应有联锁保护装置,严格实施"两票"工作制度;安装视频监控;定期开展电气预防性试验
3	配电线路	高低压线路	触电事故 电路故障事故	线路无老化破损;绝缘良好;保护装置具有过压、过流、短路、漏电等保护功能
4	不间断电源或应急电源	电池	电路故障事故 电气火灾爆炸事故	定期检查、更换、放电

1.8.2 危险化学品存储使用

航天电子涉及的危险化学品（含特种气体）大多数具有易燃易爆特性，在危险化学品（含特种气体）存储、运输（或管道输送）和使用过程中经常会产生和积聚静电。如果这些电荷不能及时泄放，逐渐积聚到一定程度，极易发生静电放电，引燃易燃易爆的气体、液体蒸气与空气形成的可燃混合物，导致火灾甚至爆炸事故，危害人身安全，影响正常生产。所以航天电子静电安全防护的主要目标是预防火灾爆炸。危险化学品存储使用电气事故风险及管控措施见表1-9。

表1-9 危险化学品存储使用电气事故风险及管控措施

序号	工艺流程	关键环节	事故类型	管控措施
1	存储场所	危险化学品暂存间、特气供应间	雷击事故 静电事故 电气火灾爆炸事故	布局合理,防雷等安全设施有效;采用防爆电气设备及工具;设置导消静电装置,并定期检测

续表

序号	工艺流程	关键环节	事故类型	管控措施
2	设备设施	危险化学品柜 气瓶、气瓶柜/气瓶架、阀门箱/阀门盘	静电事故 电气火灾爆炸事故	接地装置有效;接地电阻符合要求
3	输送	特气管道	静电事故 电气火灾爆炸事故	跨接线牢固、有效;管道阀门完好可靠,无渗漏

1.8.3　电镀工艺

航天电子涉及电镀工艺，厂房环境具有腐蚀性、潮湿特点，对配电装置、供电线路、用电设备具有较强的腐蚀作用，可能发生触电、电路故障等电气事故。电镀工艺过程电气事故风险及管控措施见表 1－10。

表 1－10　电镀工艺过程电气事故风险及管控措施

序号	工艺流程	关键环节	事故类型	管控措施
1	生产场所	电镀生产线	雷击事故 触电事故 电气火灾爆炸事故	布局合理,防雷等安全设施完好有效;按规定启闭废气净化塔,确保通风效果;采用防爆电气设备及工具;设置导消静电装置,并定期检测
2	设备设施	1)电加热系统 2)电镀槽 3)废气净化塔 4)整流器 5)配电箱(柜、板)	触电事故 静电事故 电路故障事故 电气火灾爆炸事故	1)电加热设备配备防干烧装置;按规范要求对电加热管进行安全接地,定期检查,确保 PE 线连接可靠;防止电加热管与金属槽体、工件、极杆和极板接触;用石英玻璃管加热应有保护措施;电加热管的加热区上限位置与槽液最低液面应不低于 50 mm 2)确保电镀槽导电座与槽体之间、槽体与地面之间、极板与槽体之间绝缘良好;确保导电杆满足电镀所需的电流和承受的重量 3)按规范接线,并定期检查,确保风机电机接线牢固 4)整流器外壳应可靠接地;整流器布置在通风干燥处,确保其相互间距不小于 600 mm 5)电镀生产现场配电箱(柜、板)采用密闭式、防腐型设备

续表

序号	工艺流程	关键环节	事故类型	管控措施
3	电源	电镀用电源	触电事故 电路故障事故	采用硅整流或可控硅整流
4	配电线路	低压线路	触电事故 电路故障事故	线路及金属支架等应采取防腐措施；线路无老化破损；绝缘良好；保护装置具有过压、过流、短路、漏电等保护功能
5	电镀	1）镀前准备易燃有机溶剂除油 2）电镀槽电加热 3）工件吊挂、入槽	火灾爆炸事故	1)确保作业场所电气符合防爆要求；严格落实静电防护要求 2)电加热生产现场应安排人员现场值守 3)电镀工件吊挂应规范、牢固；防止工件入槽时两极相碰

1.8.4 微波测试

航天电子涉及在微波暗室进行微波测试。测试过程中产生微波辐射，可能导致微波辐射伤害；微波暗室空间相对密闭，使用高功率照射，使照射区域温度升高，吸波材料可能引发火灾。微波测试过程电气事故风险及管控措施见表 1－11。

表 1－11　微波测试过程电气事故风险及管控措施

序号	工艺流程	关键环节	事故类型	管控措施
1	试验场所	微波暗室	雷击事故 电气火灾爆炸事故	布局合理，防雷等安全设施有效
2	设备设施	高功率行灯	触电事故 电气火灾爆炸事故	采用耐高功率照射的吸波材料；加强通风散热；控制照射区域温升
3	配电线路	低压线路	触电事故 电路故障事故	线路无老化破损；绝缘良好；保护装置具有过压、过流、短路、漏电等保护功能
4	微波测试	产生微波	电磁波伤害	设备测试间与测试人员操作间分开；设置视频监控，测试过程中禁止人员进入

1.8.5　外场飞行试验

航天电子涉及外场飞行试验，试验过程中操作人员进行汽油加注、转运、存储及电池组充放电等操作，可能导致雷击、触电、静电、电气火灾爆炸等电气事故。外场飞行试验电气事故风险及管控措施见表 1－12。

表 1－12　外场飞行试验电气事故风险及管控措施

序号	工艺流程	关键环节	事故类型	管控措施
1	试验场所	场地选择和评估	雷击事故	对地形、地貌、障碍物、风向风速、气候条件等因素进行安全评估，确保试验安全
2	设备设施	汽油、锂电池存储场所	雷击事故 触电事故 静电事故 电气火灾爆炸事故	设置专门存储场所；防雷等安全设施有效；采用防爆电气设备及工具；设置导消静电装置，并定期检测
3	电源	锂电池充放电	触电事故 电路故障事故 电气火灾爆炸	划定充放电区域，充放电区域周围严禁存放可燃、易燃物，安全距离充足；接地可靠、用电与电源匹配；定期检查、更换，发现鼓胀、漏液等电池及时清理
4	配电线路	固定或临时电气线路	触电事故 电路故障事故	线路及金属支架等架设符合安全要求；线路无老化破损；绝缘良好；保护装置具有过压、过流、短路、漏电等保护功能
5	飞行试验	1)汽油加注 2)发动机试车 3)试验过程	雷击事故 触电事故 静电事故 电气火灾爆炸事故	1)在指定位置进行，周围设安全隔离区，10 m 范围内无明火、点火源和无线通信设备；加注人员必须按要求消除静电；加油时有可靠接地；禁止在无人机加电时加注燃油 2)试车必须在专用安全警戒域内进行，并满足试车安全要求；参试设备设施电路安全可靠；试验结束后机载燃油卸载收回 3)雷雨等气候条件异常情况禁止飞行试验

第 2 章　航天电子典型部位电气安全要求

2.1 洁净厂房

航天电子产品要求的洁净度较高，相关单位大量的生产作业活动需要在洁净厂房（见图 2-1）完成。调研资料表明，洁净厂房曾发生过多次火灾事故，而电气原因引起的火灾事故占很大比例。同时，航天电子洁净厂房也可能引起触电、中毒和窒息、雷击等事故。

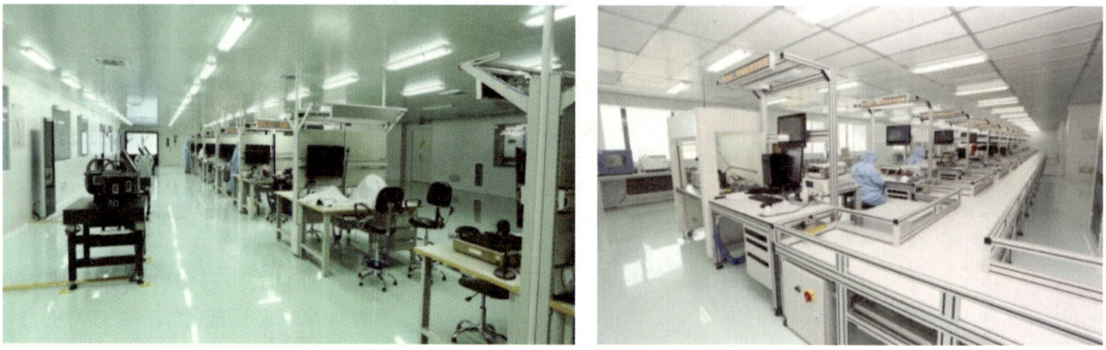

图 2-1　洁净厂房

2.1.1 主要电气危险因素

洁净厂房主要电气危险因素见表 2-1。

表 2-1　洁净厂房主要电气危险因素

序号	主要电气危险因素	可能造成事故
1	防雷装置失效	雷击
2	易燃易爆场所未安装、使用防爆电气设备	火灾爆炸
3	易燃易爆场所入口未设置导消静电装置	火灾爆炸
4	易燃易爆场所可能产生静电的生产设备和容易产生静电的管道以及化学清洗槽、有机溶剂的分装台等未采取防静电接地措施	火灾
5	超用电负荷使用大功率用电设备	火灾
6	净化空调系统、照明电源未采用专线供电	中毒和窒息
7	系统接地的形式未采用 TN-S 或 TN-C-S 系统	触电
8	未采用低烟、无卤型电缆，穿线导管未采用不燃材料	火灾、中毒
9	可燃的特种气体分配系统未设有导除静电的接地设施	火灾爆炸
10	可燃或有毒的特种气体分配系统，排风机、泄漏报警、自动切断阀未设置应急电源	火灾爆炸、中毒和窒息
11	易燃易爆场所净化空调系统的送风口、回风口、风管及排风系统（采用金属材料的排风管）未采用可靠的防静电接地措施	火灾爆炸、静电事故
12	净化空调系统采用电加热器时，电加热器与风机未联锁控制，未设置无风、超温断电保护	火灾爆炸、中毒
13	电气设备或线路带电部位裸露	触电
14	电气设备或线路绝缘不良	
15	电气设备、仪器等未按要求接地或接地不良	
16	人员误操作、违章作业	触电、火灾爆炸

2.1.2　电气安全要求

（1）防雷

航天电子洁净厂房防雷应符合现行国家标准《建筑物防雷设计规范》GB 50057 的有关规定，以防雷接地系统为基础，各种接地应包括在防雷接地系统保护范围之内。

（2）供配电系统

航天电子洁净厂房供配电系统应满足以下要求。

1）洁净厂房用电负荷等级和供电要求应按现行国家标准《供配电系统设计规范》GB 50052 的有关规定和生产工艺要求确定。

a）主要工艺设备应由专用变压器或专用低压馈电线路供电。对电源连续性有特殊要求的生产设备、动力设备，宜设置不间断电源或备用发电装置等。在洁净室（区）内宜设置独立的检修电源。

b）在洁净厂房中，工艺设备用电的负荷等级应由它对供电可靠性的要求来确定。洁净厂房内对供电有特殊要求的用电设备宜设置不间断电源（UPS）供电。

2）易燃易爆场所安装、使用的电气设备应符合防爆要求。

3）净化空调系统用电负荷、照明负荷应由变电所专线供电。航天电子洁净厂房是个相对的密闭体，由于停电造成送风中断，室内的新鲜空气得不到补充，有害气体不能排出，对工作人员的健康是不利的。同时，洁净厂房照明电源直接由变电所低压照明盘专线供电，把它与动力供电线分开，避免引起照明电源电压频繁的和较大的波动，同时增加供电的可靠性。

4）洁净厂房低压配电应采用 220 V/380 V。带电导体系统的形式宜采用单相二线制、三相三线制、三相四线制。系统接地的形式宜采用 TN－S 或 TN－C－S 系统。由于洁净厂房内有较多的电子设备系单相负荷，存在不平衡电流。而且环境中有荧光灯、晶体管、数据处理器以及其他非线性负荷存在，配电线路中存在高次谐波电流，致使中性线上流有较大的电流。而 TN－S 或 TN－C－S 接地系统中有专用不带电的保护接地线（PE），因此安全性好。

5）电源进线应设置切断装置，并宜设在洁净区外便于管理的地点。为了防止洁净厂房或单独洁净室在节假日停止工作或无人值班时的电气火灾，以及当火灾发生时便于可靠地切断电源，电源进线保护应设置切断装置。

6）洁净厂房的电气管线宜敷设在技术夹层或技术夹道内，穿线导管应采用不燃材料。洁净室（区）为密闭空间，一旦出现火情时烟气不易排出，为确保工作人员的安全和健康，宜采用低烟、无卤型电缆，避免电缆燃烧产生的烟雾和卤素毒气危及工作人员的安全。

（3）照明

航天电子洁净厂房照明应满足以下要求。

1）洁净厂房内应设置备用照明；备用照明宜作为正常照明的一部分；备用照明应满足所需场所或部位进行必要活动和操作的最低照度。设置备用照明以防止洁净厂房的正常照明因电源故障而熄灭，不能进行必要的操作处置而可能导致生产流程混乱，加工处理的贵重零部件损坏；或由于不能进行必要的操作处置而可能引起火灾、爆炸和中毒等事故和情况发生。为减少灯具重复设置，节省投资，并对提高洁净室的洁净度有利，备用照明宜作为正常照明的一部分。

2）洁净厂房内应设置供人员疏散用的应急照明，其照度不应低于 5.0 lx。在专用消防口应设置红色应急照明指示灯。因为洁净厂房是一个相对的密闭体，室内人员流动路线复杂，出入通道迂回，为便于事故情况下人员的疏散及火灾时能救灾灭火，洁净厂房应设置供人员疏散用的应急照明。在安全出口、疏散口和疏散通道转角处设置标志灯以便于疏散人员辨认通行方向，迅速撤离事故现场。在专用消防口设红色应急灯，以便于消防人员及时进入厂房进行灭火。

（4）净化空调系统

航天电子洁净厂房净化空调系统应满足以下要求。

净化空调系统采用电加热器时，电加热器与风机应联锁控制，并应设置无风、超温断电保护；当采用电加湿器时，应设置无水、无风断电保护。

净化空调系统采用电加热器对送入洁净室（区）的洁净空气进行加热时，通常都将电加热器设置在送风管的支干管或支管上，一旦发生风机事故停车或送风量减少引起送风温度超过允许温度时，可能诱发电加热器烧毁甚至相关部分着火事故。净化空调系统采用电加湿器时，加湿器加热汽化纯水对送入洁净室（区）的洁净空气增湿，通常将电加湿器安装在空气处理机组或送风管内，一旦发生纯水供水中断或无风时，也会诱发电加湿器烧毁甚至相关部分着火事故。

（5）设备接地

航天电子洁净厂房设备接地应满足以下要求。

1）功能性接地、保护性接地、电磁兼容性接地、建筑防雷接地宜采用共用接地系统。接地电阻值应按其中最小值确定，且不应大于 1 Ω。洁净厂房有多种用于不同目的的接地，宜采用共用接地系统，以避免分开接地不同电位所带来的不安全因素，以及不同接地导体间的耦合影响。不同的接地可以采用单独的接地线，但接地极系统是共用的，并应遵循等电位连接的原则。

2）当电子设备的功能接地要求分开设置时，应设有防止雷电反击设施。分开设置的接地系统接地极应与共用接地系统接地极保持 20 m 以上的间距。

（6）气体输送

航天电子洁净厂房气体输送应满足以下要求。

航天电子洁净厂房使用的气体有常用气体、干燥压缩空气及特种气体三大类。其中常用气体有氢气、氧气、氩气、氦气、氮气等，特种气体有六氟化硫、四氟甲烷、六氟乙烷、硅烷等，属于易燃易爆、有毒等气体，易发生火灾、爆炸、中毒和窒息等事故。气体供应均是通过气体管道输送到使用设备，所以对可燃、特种气体管道本身需要采取电气方面的安全措施来满足其运行的安全性。

1）洁净厂房的可燃气体管道系统中引至室外的放散管，应设置防雷保护设施，设置导除静电的接地设施。

2）为确保洁净室（区）内可燃或有毒的特种气体分配系统连续不中断运行，其排风机、泄漏报警、自动切断阀均应设置应急电源。

氧气是典型的氧化性气体，只要在氧气管道内因各种原因存在机械杂质、铁锈等可燃物，一旦有着火源都极易引发着火燃烧事故，因此氧气管道等均应设有导除静电的接地设施，以及时消除管道内气流摩擦等因素产生的静电聚集。

特气供应系统的电力供应需使用不间断电源，在市电断电的情况下仍可供应，给特气管理人员提供时间去采取现场处理措施应对市政电力中断造成的影响，以免系统突然断电发生特气事故。

（7）静电防护

航天电子洁净厂房静电防护应满足以下要求。

1）洁净厂房易燃易爆作业区净化空调系统的送风口、回风口、风管及排风系统（采用金属材料的排风管）应有可靠的防静电接地措施。

2）洁净厂房易燃易爆作业区可能产生静电的生产设备和容易产生静电的管道以及化学清洗槽、有机溶剂的分装台等，都应采取防静电接地措施；上述设备和管道处在爆炸和火灾危险环境中时，应符合现行国家标准《爆炸危险环境电力装置设施规范》GB 50058 的有关规定。

2.2 危险化学品储存场所

航天电子产品研制生产过程中使用危险化学品量小、品种多，储存场所分散，主要涉及部位为特种气体供应间（简称特气供应间）、危险化学品暂存间（见图 2－2）。涉及的危险化学品有乙醇、二甲苯、乙酸乙酯、硝酸等，涉及的特种气体有六氟化硫、四氟甲烷、六氟乙烷、硅烷等几十种，易燃易爆、具有毒性。若安装、使用、管理、处置等环节不规范，易发生火灾爆炸、中毒和窒息等事故。

图 2－2　危险化学品储存场所

2.2.1　主要电气危险因素

危险化学品储存场所主要电气危险因素见表 2－2。

表 2－2　危险化学品储存场所主要电气危险因素

序号	主要电气危险因素	可能造成事故
1	防雷装置失效	雷击
2	特气供应间未设置应急电源	火灾爆炸、中毒和窒息
3	特气供应间气体控制系统与气体探测系统未配置不间断电源	火灾爆炸、中毒和窒息
4	特气供应间和易燃易爆危险化学品暂存间入口未设置导消静电装置	火灾爆炸、静电事故
5	特气供应间和易燃易爆危险化学品暂存间未安装使用防爆电气设备	火灾爆炸、静电事故
6	室外架空敷设的特种气体管道未间隔接地或间隔接地距离大于 25 m	雷击
7	特种气体设备排风管道、站房通风管道及空调风管未设置防静电接地装置	火灾爆炸、静电事故
8	特气供应间和易燃易爆危险化学品暂存间未使用防爆电气和工具	火灾爆炸、静电事故
9	携带火种及无线通信工具进入特气供应间和易燃易爆危险化学品暂存间	火灾爆炸

续表

序号	主要电气危险因素	可能造成事故
10	布线不符合防爆要求	火灾爆炸
11	电气设备或线路带电部位裸露	触电
12	电气设备或线路绝缘不良	
13	电气设备未按要求接地或接地不良	
14	人员误操作、违章作业	触电、火灾爆炸

2.2.2　电气安全要求

（1）特气供应间

1）航天电子特气供应间防雷应满足以下要求。

a）特气供应间所在建筑物应为不低于第二类防雷建筑物，并应采取防直击雷、防雷电感应和防闪电电涌侵入的措施。

b）排放爆炸危险气体或蒸气的放散管（见图 2－3）、风管等物体的防雷应符合现行国家标准《建筑物防雷设计规范》GB 50057 中第一类防雷建筑物的防雷措施中对管口保护范围的有关规定；突出屋面的排放无爆炸危险气体或蒸气的放散管、风管，以及装有阻火器的放散管、排风管的防雷应符合现行国家标准《建筑物防雷设计规范》GB 50057 中第二类防雷建筑物的防雷措施中的有关规定。

2）航天电子特气供应间供配电应满足以下要求。

a）特气供应间（除检修插座电源）电力负荷不应低于二级负荷，即为双路市政电源或一路市政电源加应急电源。

b）气体管理（控制系统）与气体探测系统应配置不间断电源，允许中断供电的时间为毫秒级。

c）爆炸性气体环境内电气设备选择不应低于 2 区，并应符合现行国家标准《爆炸危险环境电力装置设计规范》GB 50058 的有关规定。

图 2-3 特气供应间放散管

3）航天电子特气供应间照明应满足以下要求。

特气供应间照明灯具宜安装在操作与维修通道处，不宜安装在设备正上方，并应设置备用照明。特气供应间部分易燃易爆气体的比重小于或近似于空气，易向上方扩散；同时，长时间连续运行，中断照明会影响生产。

4）航天电子特气供应间接地应满足以下要求。

a）特种气体管道在进出建筑物处应与防闪电感应的接地装置相连。室外架空敷设的特种气体管道，宜每隔 25 m 接地一次，其冲击接地电阻不宜大于 10 Ω。

b）特种气体设备与管道应采取防静电接地措施，在管道进出建筑物处、不同分区的环境边界、管道分岔处及直管段每隔 30 m 处应设防静电接地。

c）设备接地端子、管道卡箍或法兰与接地线之间，可采用螺栓紧固连接；对有振动、位移的设备和管道，连接处应加挠性连接线过渡。采用螺栓连接是为了便于设备和管道的拆卸检修。采用挠性连接线是为了避免振动、位移影响接地可靠性。

d）特种气体系统的电气设备工作接地、保护接地、防雷接地以及防静电接地等不同用途接地采用联合接地方式时，接地装置的接地电阻值应按其中的最小值确定。

e）静电接地为单独接地时每组接地电阻宜小于 100 Ω。

f）特种气体设备排风管道、站房通风管道及空调风管应设置防静电接地装置（见图 2－4）。为防止因空气摩擦产生静电积聚，而引起燃烧和爆炸事故，特种气体设备排风管、站房通风管道及空调风管应设置防静电接地装置，消除风管静电。

图 2－4　特气供应间设备与管道防静电接地

5）航天电子特气供应间还应满足以下要求。

a）涉及易燃、易爆性质的特气供应间应采用防爆电气设备和工具。

b）进入易燃、易爆特气供应间严禁携带火种及无线通信工具。

c）涉及易燃、易爆性质的特气供应间门口应设置导消静电装置（见图 2－5）。

（2）危险化学品暂存间

1）易燃易爆危险化学品暂存间入口处应有手机存放柜或存放区域（见图 2－6）。

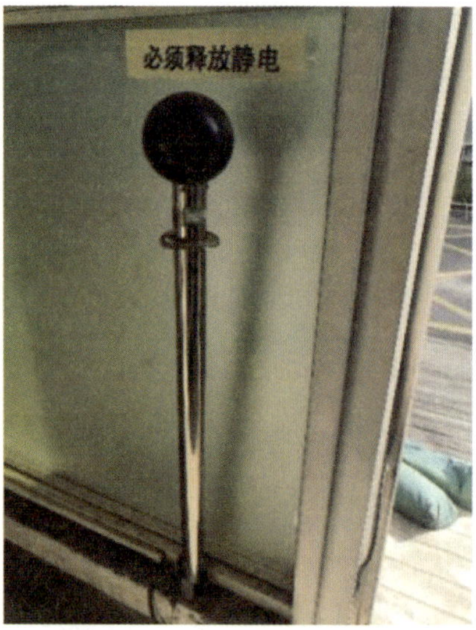

图 2－5　特气供应间门口应设置导消静电装置

图 2－6　手机存放柜

2）根据存储的危险化学品特性的不同，暂存间的大门应采用相应的具有防爆、防火、防腐、防静电、不产生火花等性能的单一或复合材料制成；门叶与门框应跨接，以消除静电（见图 2－7）。

3）地面应防潮、平整、坚实、易于清扫、不产生火花。

4）电气设施应满足以下要求。

图 2－7　门叶与门框跨接

a）根据危险化学品特性，暂存间内的照明、事故照明设施、排风、空调、输配电线路等应具有防火、防腐、防爆等性能，并可靠接地（见图 2－8）。

图 2－8　暂存间采用防爆电气

b）暂存间的照明和电气设备的配电箱及开关应设置在房间外。

c）暂存间应设置防静电设施，并定期检测。

5）易燃易爆化学品储存柜接地应完好、可靠（见图 2－9）。

图 2－9　易燃易爆化学品储存柜接地

6）安全工器具应满足以下要求。

危险化学品安全工器具应包括：防爆扳手、防爆漏斗、防爆油抽、转运推车、气瓶推车等（见图 2－10），并按相关要求合理配备。危险化学品贮存使用场所禁止使用能发火工具，使用符合国家标准规定的防爆工具。

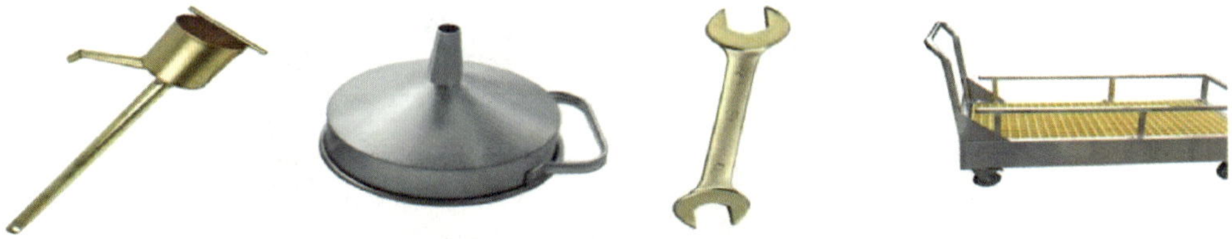

防爆油抽　　防爆漏斗　　防爆扳手　　转运推车

图 2－10　安全工器具

2.3 微波暗室

航天电子涉及微波暗室（见图 2 - 11），微波暗室空间相对密闭，微波作业易导致微波照射区域特别是大功率照射区域温度升高，吸波材料可能引发火灾，暗室操作人员操作不当，可能造成触电事故；产生微波辐射，操作人员可能受到微波辐射伤害。

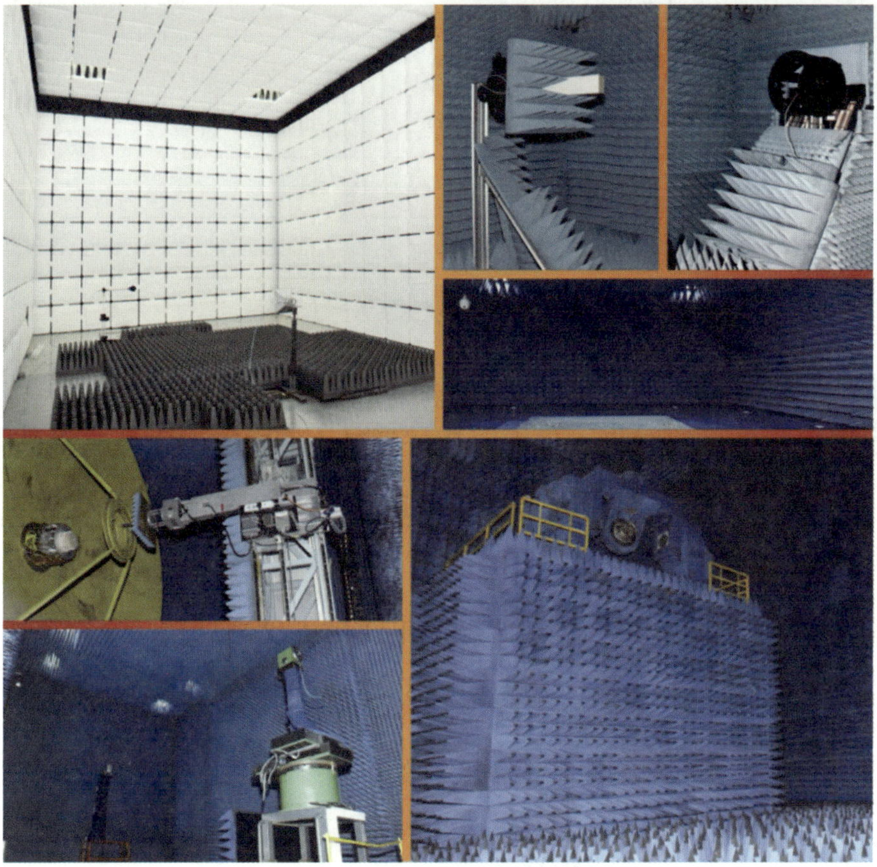

图 2 - 11　微波暗室

2.3.1 主要电气危险因素

微波暗室主要电气危险因素见表 2 - 3。

表 2－3　微波暗室主要电气危险因素

序号	主要危险因素	可能造成事故
1	防雷装置失效	雷击
2	超用电负荷使用大功率用电设备	火灾
3	通排风、空气调节系统不良导致室内热负荷增加	
4	照明灯具未使用冷光源	
5	电气设备或线路带电部位裸露	触电
6	电气设备或线路绝缘不良	
7	电气设备、仪器等未按要求接地或接地不良	
8	屏蔽装置失效	微波辐射伤害
9	测试过程中人员进入暗室内	
10	人员误操作、违章作业	触电、微波辐射伤害

2.3.2　电气安全要求

1）航天电子微波暗室防雷应满足以下要求。

a）微波暗室防雷应符合现行国家标准《建筑物防雷设计规范》GB 50057 的规定。

b）电磁波暗室内所有设备的金属外壳、金属电缆桥架、金属管道、金属屏蔽结构、金属灯具的外壳应进行等电位连接。

c）防雷设施应完好有效。

d）防雷设施应每年检测一次。

2）航天电子微波暗室供配电应满足以下要求。

a）除消防用电负荷外，其他设备用电负荷应为三级，供电要求应按现行国家标准《供配电系统设计规范》GB 50052 的有关要求执行。

b）配电形式应采用 TN－S 系统。

c）微波暗室试验测量设备配电应与动力和照明设备配电采用不同的

回路。

d）配电线路应采用难燃铜芯缆线，采用金属线槽或镀锌钢管保护。

e）暗室的接地宜采用共用接地装置，接地电阻值应小于 1 Ω。有电磁屏蔽要求的壳体应采用单独接地引下线。接地端子应集中布置在电源和信号滤波器附近。

3）航天电子微波暗室照明应满足以下要求。

a）微波暗室内的照明光源应采用冷光源，使用电感式镇流器的应有隔热措施。

b）电磁兼容室内的照明光源应优先采用冷光源，使用非冷光源的应采取隔热或通风散热等安全措施。

c）微波暗室应设置正常照明和疏散照明。正常照明的照度值，在试验设备处不宜低于 50 lx。

d）微波暗室的照明总开关应设置在出入门的外侧，室内应设置为局部照明使用的电源插座。

4）航天电子微波暗室的用电设备应满足以下要求。

a）使用的大功率灯阵以及大功率发射装置会产生热负荷，工作时必须与吸波材料保持一定安全距离。

b）室内电气线路、移动电源转换器绝缘完好。

c）暗室内测试设备、仪器、电源等接地良好。

d）微波暗室应设置通风换气设施并有效运行。

5）航天电子微波暗室的防微波辐射应满足以下要求。

a）微波暗室应设置有效的屏蔽，测试人员操作间、作业工位及人员通道等区域的微波职业接触限值应符合《工作场所有害因素职业接触限值 第 2 部分：物理因素》GBZ 2.2 的规定。

b）微波测试时，控制间与测试间隔离，测试间屏蔽门关闭紧密，试验完成电源关闭后，方可开启屏蔽门。

c）微波暗室操作人员、测试人员应按规定穿戴微波防护服等个人防护用品。

2.4 电镀作业场所

航天电子涉及电镀作业场所（见图 2-12），由于航天产品使用环境的特殊要求，大多数产品零部件需进行镀金、镀镍、镀铜等表面处理，表面处理常用工艺设备主要为电镀生产线，电镀生产线电气部分主要由加热系统（加热棒、温控系统等）、电镀系统（整流器，控制电镀电流及时间）、电控系统（行车、阴极移动、电磁阀、液位计等）、外置系统（超声波、过滤机、废气净化塔等）四部分组成，电镀生产线的电镀槽与控制室分开布置，由大量电气线路连接，又由于电镀生产现场潮湿、腐蚀性危险化学品遗撒及其挥发的腐蚀性气体的恶劣环境，造成电镀生产线电气线路较其他生产现场电气线路更易老化，电气线路容易短路、漏电，引发火灾风险较高。

图 2-12　电镀作业场所

2.4.1　主要电气危险因素

电镀作业场所主要电气危险因素见表 2－4。

表 2－4　电镀作业场所主要电气危险因素

<table>
<tr><th>序号</th><th>主要电气危险因素</th><th>可能造成事故</th></tr>
<tr><td>1</td><td>防雷装置失效</td><td>雷击</td></tr>
<tr><td>2</td><td>有机液体本身或其挥发物遇明火(包括静电产生的火花)、高热</td><td rowspan="4">火灾爆炸</td></tr>
<tr><td>3</td><td>加热装置安装、使用不当或失控;干烧</td></tr>
<tr><td>4</td><td>场所未设置防静电接地设施</td></tr>
<tr><td>5</td><td>场所未使用防爆电气</td></tr>
<tr><td>6</td><td>电气设备或线路带电部位裸露</td><td rowspan="3">触电、电路故障</td></tr>
<tr><td>7</td><td>电气设备或线路绝缘不良</td></tr>
<tr><td>8</td><td>电气设备、仪器等未按要求接地或接地不良</td></tr>
<tr><td>9</td><td>人员误操作、违章作业</td><td>触电</td></tr>
<tr><td>10</td><td>镀前准备阶段使用易燃有机溶剂除油,作业场所电气不符合防爆要求或静电防护不到位</td><td>火灾爆炸</td></tr>
<tr><td>11</td><td>废气净化塔风机电机接线端子松动(虚接),造成局部过热、打火或短路</td><td>火灾</td></tr>
<tr><td>12</td><td>采用电加热电镀槽的电加热器不具备防干烧功能</td><td>火灾</td></tr>
<tr><td>13</td><td>采用电加热电镀槽的电加热管未安全接地,或 PE 线连接不可靠,或与金属槽体、工件、极杆和极板接触</td><td>触电、火灾</td></tr>
<tr><td>14</td><td>采用电加热的电镀槽未布置液位计,或液位计未与电加热系统联锁,不具备在加热过程中液面降低至所示液面时电加热自动停止和液面低于液位计所示液面时无法启动电加热功能</td><td>火灾</td></tr>
<tr><td>15</td><td>用石英玻璃管加热电镀槽的加热器无保护措施</td><td>火灾、触电</td></tr>
<tr><td>16</td><td>采用电加热的电镀生产现场未安排人员现场值守</td><td>火灾</td></tr>
<tr><td>17</td><td>电加热管的加热区上限位置与槽液最低液面不满足低于 50 mm 要求,造成加热管局部干烧</td><td>火灾</td></tr>
</table>

续表

序号	主要电气危险因素	可能造成事故
18	电镀生产现场通风不良，现场潮湿、腐蚀性危险化学品遗撒及其挥发的腐蚀性气体造成电气线路老化，电气线路短路、漏电	火灾、触电
19	电镀槽导电座与槽体之间、槽体与地面之间、极板与槽体之间绝缘失效	触电
20	电镀槽导电杆不满足电镀所需的电流和承受的重量	火灾
21	电镀生产现场配电箱(柜、板)未采用密闭式、防腐型设备	火灾、触电
22	采用蒸汽加热电镀生产线的热力管道或供暖热力管道与电气设备间距不小于 0.2 m	触电
23	电镀工件吊挂不规范、不牢固，造成工件入槽时两极相碰而造成打火灼烧	火灾、触电
24	工件、设备短路引起整流器损毁	火灾
25	整流器外壳未安全接地	触电
26	整流器未布置在通风干燥处，其相互间距小于 600 mm，导致整流器冷却空间不足	火灾

2.4.2 电气安全要求

(1) 防雷

航天电子电镀作业场所防雷应符合现行国家标准《建筑物防雷设计规范》GB 50057 的规定。

(2) 供配电系统

航天电子电镀作业场所供配电系统应满足以下要求。

1) 电负荷等级和供电要求应按现行国家标准《供配电系统设计规范》GB 50052 的有关规定和生产工艺要求确定。

2) 设备的金属外壳及配电箱、控制箱、操作箱的金属外壳，金属电缆桥架，配线槽，保护钢管等应与交流配电系统的保护线或保护中性线可靠连接。各种接地系统宜采用共用接地的方式。

（3）照明

航天电子电镀作业场所工作区应根据需要设置局部照明装置，该照明装置应符合《机械电气安全 机械电气设备 第 1 部分：通用技术条件》GB/T 5226.1 有关安全的技术要求，且应符合《建筑照明设计标准》GB 50034 中的照度要求。

（4）用电设备

航天电子电镀作业场所用电设备应满足以下要求。

1）电镀用的直流电源设备应采用硅整流或可控硅整流。

2）整流设备的选择应符合下列规定：

a）直流额定电压应大于并接近镀槽工作电压。对需要冲击电流的镀槽，整流设备的额定电压应符合冲击的要求。

b）直流额定电流不应小于镀槽所需电流。对需要冲击电流的镀槽，整流设备的额定电流应根据镀槽冲击电流值及电源设备短时允许过载能力确定。当多槽共用整流设备时，其额定电流不应小于各槽所需电流之和乘以同时使用系数及负荷系数。

c）整流设备的整流结线方式应根据电镀工艺的要求确定。

d）工艺需要自动换向的电镀应采用带有自动换向的可控硅整流设备。

3）用硅整流设备作直流电源时，其调压方式应符合下列规定：

a）工艺要求电流调节精度高，经常使用但额定负荷小于或等于 30% 的镀槽宜采用自耦变压器或感应调压器。

b）经常使用且额定负荷大于 30% 的镀槽，可采用饱和电抗器调压方式。

4）用可控硅整流设备作直流电源时，宜采用带恒电位仪或电流密度自动控制的可控硅整流设备。

5）电镀槽的电源宜采用一台整流设备供给一个镀槽。当工艺条件许可时，对电压等级相同的镀槽亦可采用一台整流设备供给几个镀槽用电。对不同时使用的两个镀槽，其工作电压、电流参数相近，位置又接近时，可合用一台整流设备供电。

6）当一台整流设备向一个镀槽供电，且整流设备集中放置时，应在镀槽附近设置防腐型就地控制箱，其内部应装设电流调节装置、测量仪表和开停整流设备的控制按钮。

7）当一台整流设备向几个镀槽同时供电时，应在镀槽附近设置防腐型就地控制箱，其内部应装设电流调节装置及测量仪表。

8）直流线路截面的选择应符合下列规定：

a）线路的允许载流量不应小于镀槽的计算电流。

b）在额定负荷下，电力整流设备至电镀槽的母线电压降不应大于 1.0 V。

9）每台整流设备的供电线路应装设隔离电器和短路保护电器。隔离电器的额定电流及供电线路的载流量不应小于整流设备的额定输入电流。

10）直流线路电压小于 60 V 时，宜采用铜母线、铜芯塑料线或铜芯电缆。当采用铝母线时，在母线连接处应采用铜铝过渡板，铜端应搪锡。电源接入镀槽处应采用铜编织线或铜母线。当线路电压大于或等于 60 V 时，直流线路应采用电缆或绝缘导线。

11）集中放置整流设备的电源间应符合下列规定：

a）宜接近负荷中心，并宜靠外墙设置；电源间不得设置在镀槽区的下方，亦不应设置在厕所或浴室的正下方或与之贴邻。

b）正面操作通道不宜小于 1.5 m；当需在整流设备背面检修时，其背面距墙不宜小于 0.8 m；与整流器配套的调压器距墙不宜小于 0.8 m。

c）室内夏季温度不宜超过 40 ℃，冬季温度不宜低于 5 ℃。当自然通风不能满足电源间要求时，应采用机械通风，并保持室内正压。

d）镀槽排风系统的管道、地沟及其他与电源间无关的管道不得通过电源间。

12）控制系统较复杂的自动生产线的控制台应设在专用的控制室内，控制室应设观察窗。当控制室门开向生产车间时，控制室宜有正压通风。

13）电气设备应采用防腐型，其线路及金属支架等应采取防腐措施。

14）直接安放在镀槽旁的整流设备，其底部应设有高出地面不小于 150 mm 的底座。

15）导电杆承受的最大允许电流密度值为 2 A/mm^2。

16）导电座与槽体之间、槽体与地面之间都应采取绝缘措施。

17）电加热的槽体均应布置液位计，在加热过程中液面降低至所示液面时，电加热应自动停止，液面低于液位计所示液面时，应无法启动电加热。

18）电加热管应安全接地，不允许与金属槽体、工件、极杆和极板接触。

2.5 变配电站

航天电子变配电站涉及 10 kV 高压，是电气事故重要风险部位，可能导致触电、电气火灾爆炸、雷击、电路故障等事故（见图 2－13）。

图 2－13　变配电站

2.5.1 主要电气危险因素

变配电站主要电气危险因素见表 2－5。

表 2－5　变配电站主要电气危险因素

序号	主要电气危险因素	可能造成事故
1	防雷装置失效	雷击
2	未设置防止雨、雪和小动物等进入的不锈钢网窗、挡板等	电路故障
3	高压电短路	电路故障、火灾爆炸
4	未设置应急照明或照明照度不符合要求	触电
5	室内空气温度和湿度不符合要求	电路故障、火灾爆炸
6	配电装置布置、安全净距、通道与围栏等不符合要求	触电
7	配电装置的操作区、维护通道未铺设有效的绝缘胶垫	触电
8	每面配电盘柜未标明路名和调度编号，双面维护的配电盘柜前和盘柜后均未标明路名和调度编号；路名、编号与模拟图板（屏）、自动化监控系统、运行资料等不一致	电路故障、触电
9	电缆沟盖板缺失，电缆夹层、电缆沟和电缆室设置的防水、排水措施失效	电路故障、触电
10	配电装置或线路带电部位裸露	触电
11	配电装置、线路、安全工器具绝缘不良	
12	人员误操作、违章作业	

2.5.2　电气安全要求

2.5.2.1　基础设施与环境

（1）门、窗及门前标志

①门、窗、安全出口要求

1）大门上应有站名标志牌，在大门旁边不可移动明显位置悬挂危险点标志牌（见图 2－14）。

2）出入口的门为防火门，向外开启，并应装锁，且门锁应便于值班人员在紧急情况下打开。

3）设备间与附属房间之间的门应向附属房间方向开启。高压间与低压间

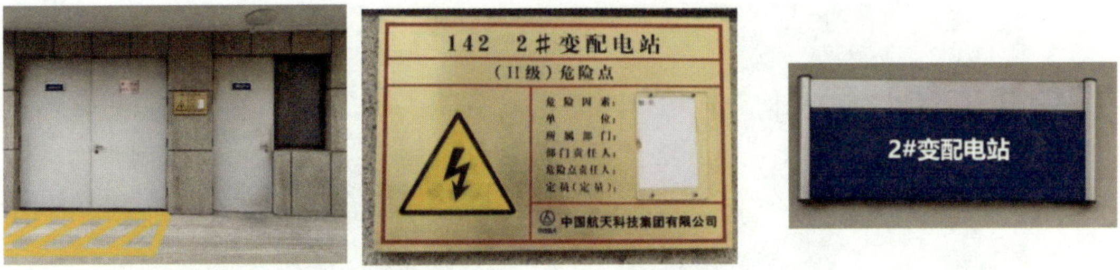

图 2-14　站名标志牌和危险点标志牌示例

之间的门，应向低压间方向开启。

4）长度大于 7 m 的变配电站应设两个出口，并布置在变配电站的两端（见图 2-15）。

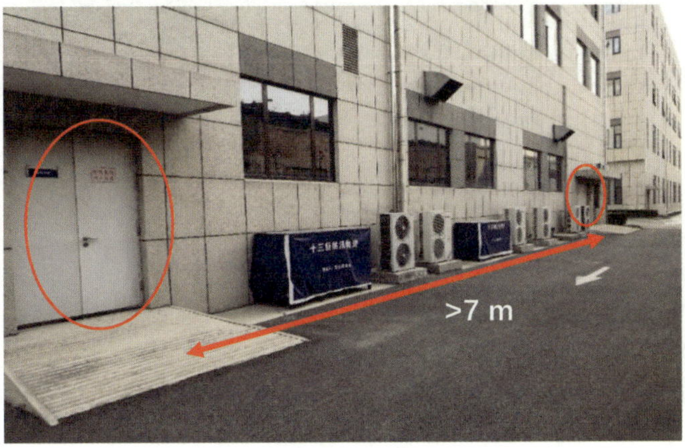

图 2-15　变配电站出口

5）应设置防止雨、雪和小动物从采光窗、通风窗、门、通风管道、桥架、电缆保护管等进入室内的设施（见图 2-16）。窗户应紧密不留缝隙。必要时可加装不锈钢网窗、不锈钢防盗窗，不锈钢网孔不大于 10 mm×10 mm。

6）出入口应设置高度不低于 400 mm 的防小动物挡板，防小动物挡板上部贴防止绊跤的黄黑标志线（见图 2-17）。

7）室内除本室需用的管道外，不应有其他的管道通过。配电屏的上、下方及电缆沟内不应敷设水、气管道。

图 2－16　纱窗和通风窗示例

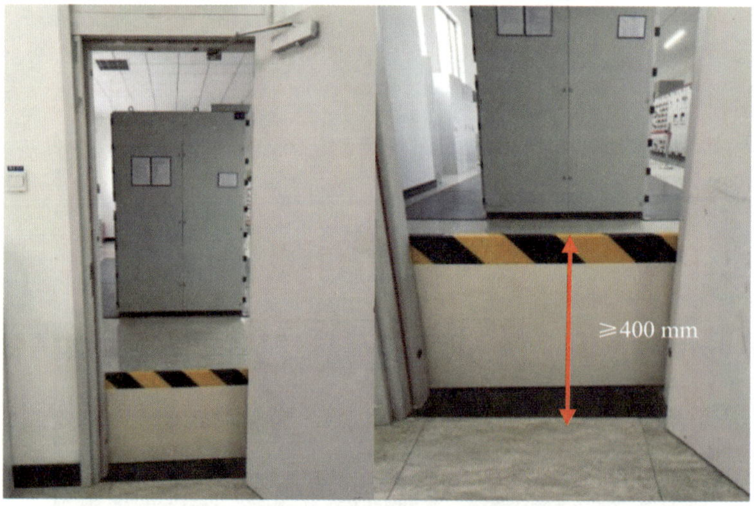

图 2－17　防火门及防小动物挡板示例

②门前标志

出入口应设置明显的“禁止烟火”“未经许可 不得入内”“必须戴安全帽”“注意通风”“紧急出口”等安全标志牌（见图 2－18）。“注意通风”安全标志牌仅适用于 SF6 设备变配电站。

（2）室内照明

1）正常照明和应急照明系统应完好。

2）室内照明应符合配电室照度的设计要求，设备上方不应布置灯具和采用明线。

图 2－18　变配电站门前警示标志牌示例

3）敷设照明线路，照明灯具尽量靠墙安装，不得使用带链条的灯具。

（3）温湿度控制

室内空气温度和湿度应符合《低压抽出式成套开关设备和控制设备》GB/T 24274 和《高压开关设备和控制设备标准的共用技术要求》DL/T 593 的要求，设备区域内应配有温、湿度计（见图 2－19）。

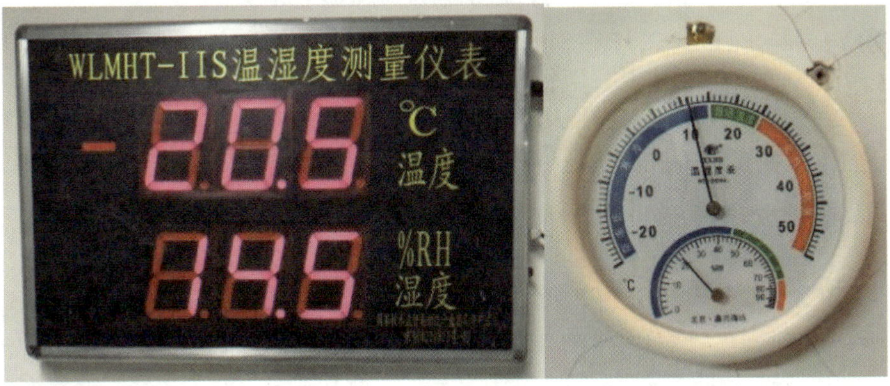

图 2－19　温湿度计示例

（4）消防要求

1）应设置符合《建筑灭火器配置设计规范》GB 50140 要求的适用电气火灾的消防设施、器材，并定期维护、检查和测试。现场消防设施、器材不应挪作他用，周围不应堆放杂物和其他设备；采用气体灭火系统的消防钢气瓶，应加装爆裂预警探测装置。

2）灭火器的定期检查、维修、报废和更新应按《建筑灭火器配置验收及检查规范》GB 50444 和《灭火器维修》XF 95 的要求执行。

3）配电室应保持进出畅通，不应堵塞或占用，室内严禁烟火，对明火作业应办理审批手续，严加管理。

4）配电室内非消防负荷配电回路应安装电气火灾监控系统，其二级、三级配电回路安装有电气火灾监控系统的，应接入配电室内电气火灾监控系统。

5）电气火灾监控系统应具备良好的上下级数据接口兼容性。

6）疏散指示标志灯（见图 2－20）的持续照明时间应大于 30 min。

图 2－20　疏散指示标志灯示例

7）进出入变配电站、高压柜、直流屏、变压器、低压柜等设备以及电缆夹层等处的电缆穿越过的孔洞，应用防火材料严密封闭（见图 2－21）。

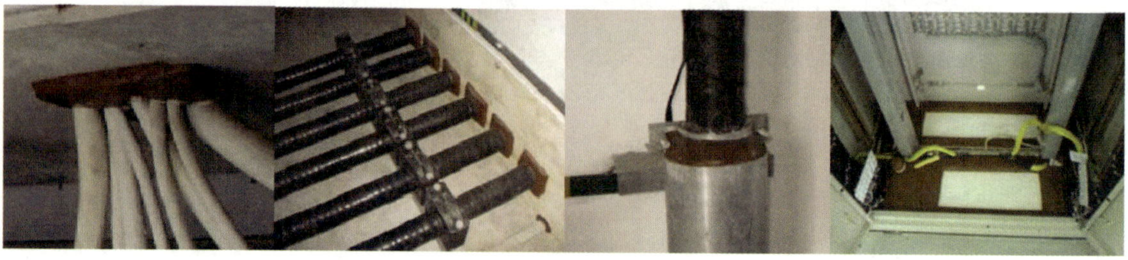

图 2－21　防火封堵示例

（5）防雷与接地

1）避雷装置完好，无倒伏、断裂，屋顶金属构件与避雷带等电位连接。

2）避雷装置应每年检测一次。

3）接地网（接地装置）应统一编号，并设置接地标志牌，注明编号、检测数据、有效日期等。接地装置编号、标识明晰，接地电阻值符合要求，定期检测报告有效，资料齐全。

4）明敷的接地线表面应涂宽度相等的绿色和黄色相间的条纹（见图 2－22）。

5）接地电阻满足规范要求。

图 2－22　接地引线及接地标志示例

（6）安全标志

1）安全标志应设在与安全有关的醒目位置，便于进出现场的人看见。

2）安全标志牌不应设在门、窗、架等可移动物体上，以免这些物体位置移动后，看不见安全标志。安全标志牌前不得放置妨碍认读的障碍物。

3）多个安全标志牌一起设置时，应按警告、禁止、指令、提示类型的顺序，先左后右、先上后下地排列。

4）安全标志牌应设置在明亮的环境中，设置高度应尽量与人眼的视线高度相一致。

5）标志牌的悬挂位置和式样应符合表 2－6 要求，颜色、字样应符合《安全色》GB 2893 和《安全标志及其使用导则》GB 2894 的有关规定。

表 2-6 安全标志牌的悬挂位置和式样要求

类别	名称	使用方法	式样	
禁止类	禁止合闸 有人工作	一经合闸即可送电到设备的断路器或隔离开关操作把手上	白底，红色圆形斜杠，黑色禁止标志符号	黑字
	禁止合闸 线路有人工作	线路断路器或隔离开关把手上		
	禁止攀登 高压危险	高压配电装置构架的爬梯上，变压器、电抗器等设备的爬梯上		
警告类	止步 高压危险	施工地点临近带电设备的遮栏上；室外工作地点的围栏上；禁止通行的过道上；高压试验地点；室外构架上；工作地点临近带电设备的横梁上	白底，黑色正三角形及标志符号，衬底为黄色	黑字
指令类	从此上下	工作人员可上下的铁架、爬梯上	衬底为绿色，中有白圆圈	黑字，写于白圆圈中
	在此工作	工作地点或检修设备上		
提示类	已接地	悬挂在已接地线的隔离开关操作手把上	衬底为绿色	黑字

图 2-23 所示为安全标志牌示例。

(7) 视频监控

变配电站应按要求安装视频监控系统（见图 2-24），能够看到变配电室内的整体情况，且视频保留 90 天。

2.5.2.2 变配电设备设施

(1) 区域划分

配电装置前应标注警戒线，警戒线距配电装置应不小于 700 mm（见图 2-25）。

(2) 设备、设施标识

1) 室内变压器、高压配电装置、低压配电装置的操作区、维护通道应铺设绝缘胶垫，并张贴检定标识。

2) 每面配电盘柜应标明路名和调度编号，双面维护的配电盘柜前和盘柜后均应标明路名和调度编号，且路名、编号应与模拟图板（屏）、自动化监控系统、运行资料等保持一致。

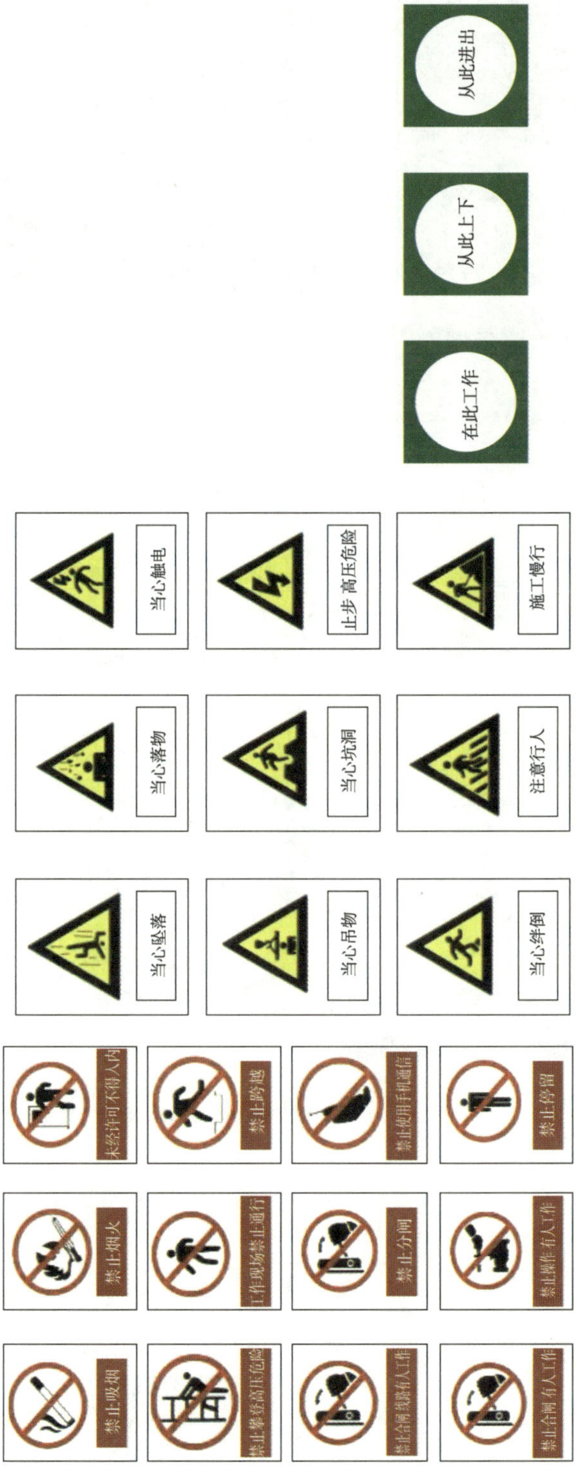

图 2－23　安全标志牌示例

图 2－24　视频监控示例

图 2－25　高低压区域标识线示例

a）高压柜、直流屏、变压器、低压柜等设备明显位置应有该设备名称、编号标志牌（见图 2－26、图 2－27）。

图 2－26　高压配电柜标志牌示例

图 2－27　变压器标志牌示例

b）需要双面维护的开关柜应配置设备标志牌，标志牌应安装于柜前、柜后门上。

c）各种开关、指示灯、按钮齐全完好，标志清晰（见图 2－28）。

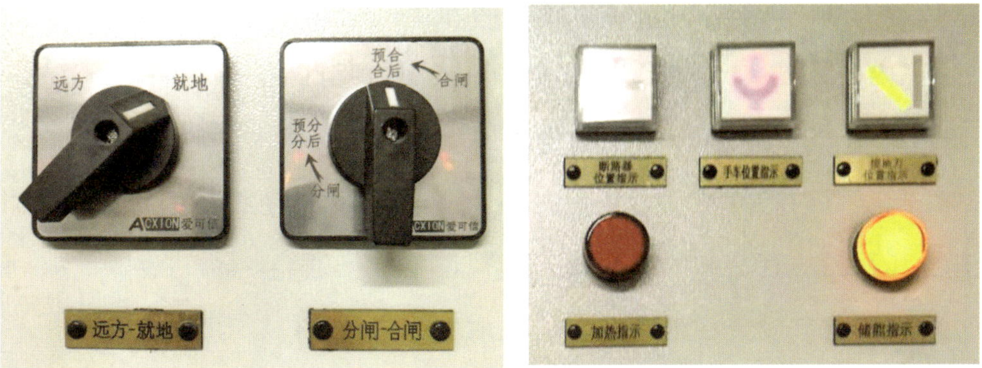

图 2－28　指示灯、开关标志牌示例

3）母线相位应设置清晰明显的相位标志。

4）穿墙套管处、电缆夹层入口、电缆隧道（沟）入口、电缆工井和电缆桥架应标明名称（见图 2－29）。

图 2 - 29　母线、电缆桥架标志牌配置示例

5）电缆的首端、末端和分支处应设标志牌。

6）电缆沟盖板齐全，电缆夹层、电缆沟和电缆室设置的防水、排水措施完好有效。

7）有专人值班的配电室应配备带有录音功能的专用电话，电话畅通，时钟准确。

8）对装有产生有毒气体、窒息性气体的配电装置的房间，在发生事故时房间内易聚集气体的部位，应装设强制向外排风装置。

9）室内变配电装置布置、安全净距、通道与围栏等应符合 GB 50053、GB 50054、GB 50059、GB 50060 等的要求。

10）配电室内环境整洁，场地平整，设备间不应存放与运行无关的物品，不应有与其无关的管道和线路通过，巡视道路应畅通。

11）当配电室设置在地下时，应采取防水措施。

（3）安全工器具

1）应配备质量合格、数量满足工作需求的安全工器具（见图 2 - 30）。

a）绝缘安全工器具：绝缘杆、验电器、携带型短路接地线、绝缘手套、绝缘靴（鞋）等；

b）登高作业安全工器具：防静电安全帽、安全带、安全绳、非金属材质梯子等；

c）检修工具：螺钉旋具、扳手、钢锯、电工刀、电工钳等；

d）测量仪表：红外温度测试仪、万用表、钳形电流表、绝缘电阻表、钳形接地电阻测试仪等。

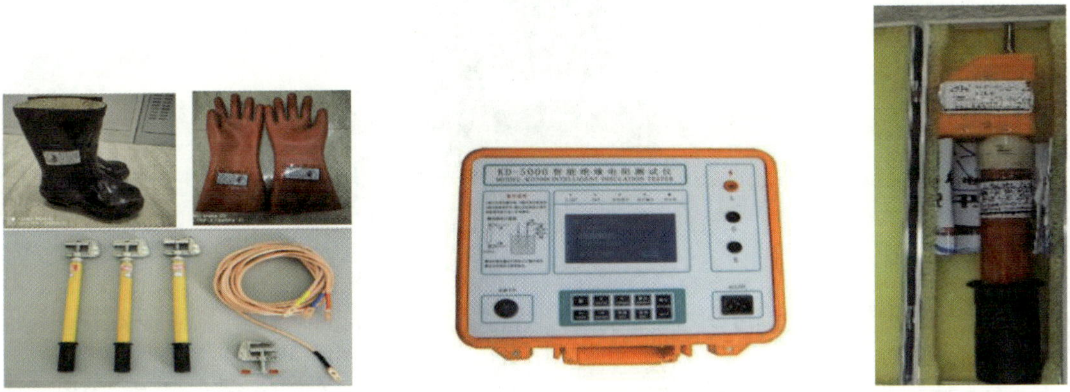

图 2－30　安全工器具、测量仪表示例

2）安全工器具使用前应进行试验有效期的核查及外观检查，检查表面有无裂纹、划痕、毛刺、孔洞、断裂、老化迹象等；对安全工器具的机械、绝缘性能产生疑问时，应追加试验，合格后方可使用。

3）安全工器具应妥善保管，存放在干燥通风的场所（见图 2－31），不允许当作其他工具使用，且不合格的安全工器具不应存放在工作现场。部分安全工器具还应符合下列要求：

a）绝缘杆应悬挂或架在支架上，不应与墙或地面接触；

b）绝缘手套、绝缘靴应与其他工具仪表分开存放，避免直接碰触尖锐物体；

c）高压验电器应存放在防潮的匣内或专用袋内。

4）安全工器具应统一分类编号，定置存放并登记在专用记录簿内，做到账物相符，一一对应并及时地记录安全工器具的检查、试验情况，公用安全工器具应由专人负责管理。

5）无人值班配电室可根据智能运维操作队配置安全工器具的情况，合理

图 2-31 安全工器具柜示例

配置无人值班配电室内的安全工器具，智能运维中心应对绝缘工器具进行管理，内容包括但不限于现场绝缘工器具品类、数量、投放日期、试验人员、试验日期、下次试验日期等。

6）安全工器具的试验要求如下：

a）绝缘安全工器具应按《电力安全工作规程 发电厂和变电站电气部分》GB 26860 的试验项目和周期等要求，进行首次使用前和使用中定期的试验，合格后方可使用；

b）安全带、安全绳、梯子等坠落防护装备的使用期限和检测要求应符合《坠落防护装备安全使用规范》GB/T 23468 的要求。

2.5.2.3 运行管理资料

（1）基本要求

1）制度、图表、单据及记录齐全有效。

2）制度、图表张贴在墙上明显位置，并要求尺寸适宜、字迹清晰，易于辨认。

3）制度定期修订，工作票、操作票“两票”记录至少保存一年。

（2）运行管理资料

运行管理资料清单见表 2-7。

表 2-7　运行管理资料清单

序号	类型	具体资料	备注
1	管理制度	值班制度*	
		交接班制度*	
		巡视检查制度*	
		设备验收制度	
		设备缺陷管理制度*	
		运行维护工作制度*	
		运行分析制度	
		设备预防性试验制度	
		培训管理制度	
		场地环境管理制度*	
		应急预案管理制度	
		工作票、操作票管理制度*	
		门禁制度*	
2	图纸	一次系统图*	
		二次回路的原理图、接线图*	
		直流电源系统图	
		配电室自用电系统图	
		电容器、电抗器及接地变压器接线图	
		隐蔽工程图：电缆敷设平面布置图和电缆明细表、接地装置平面布置图	
3	图表	变配电系统模拟图板(屏)*	
		供电部门调度值班人员名单(限有调度协议的单位)*	
		值班人员名单(应明确各班带班人)及其上岗证复印件*	
		事故处理及紧急应用电话表*	
		设备专责分工表*	
		卫生专责分工表	
		设备档案：产品合格证、出厂试验报告单、厂家使用说明书、检修记录、缺陷记录	

续表

序号	类型	具体资料	备注
4	记录	闸操作记录*	
		运行工作记录或值班日志*	
		负荷记录*	
		设备巡视检查记录*	
		设备缺陷记录*	
		设备检修记录*	
		设备试验记录*	
		继电保护及自动装置动作记录*	
		事故处理记录*	
		应急预案演练及评估记录*	
		安全日活动记录*	
		培训及考核记录*	
		运行分析记录	
		门禁登记记录*	
		安全用具、仪表台账*	
		消防器材检查记录*	

注：* 处为变配电站必备的内容，其余为技术管理单位必备的内容。

2.5.2.4 人员要求

（1）配置要求

1）运行人员应取得合格有效的电工作业操作资格。

2）证件原件由值班人员上岗时随身携带或由单位统一进行管理。证件复印件用 A4 纸复印并张贴在值班室墙上明显位置。

3）运行人员应掌握与其工种、岗位有关的电气设备的性能及操作方法，熟悉各种消防设备的性能、布置、适用范围和使用方法，熟悉应急预案内容和处置流程，掌握触电急救和心肺复苏方法。

4）运行人员的配置应符合下列要求：

a）35 kV 电压等级的变配电室，10/6 kV 电压等级、变压器容量在 630 kVA 及以上的主变配电室，应安排专人值班，值班人员不少于 2 人，且应明确其中 1 人为值长；

b）10/6 kV 电压等级、变压器容量在 500 kVA 及以下的变配电室，可不设专人值班，但应由电工人员负责运行检查工作。

（2）运行要求

1）运行人员上岗期间应穿全棉长袖工作服和绝缘鞋。

2）运行人员应坚守工作岗位，不得有以下行为：

a）接班前及当班期间饮酒；

b）当班期间睡觉；

c）利用供电企业停电期间，未经供电企业同意，在自己所不能控制的电气设备或线路上，装设短路线、接地线或进行检修维护等工作；

d）约时停、送电；

e）擅自拆除闭锁装置或者使其失效；

f）其他与工作无关的活动。

3）非运行人员因工作需要进入变配电站设备区时应登记，运行人员应监护陪同。

2.6 外场飞行试验场所

航天电子涉及外场飞行试验（见图 2－32），在飞行试验、发动机试车等环节中存在汽油存储和使用、锂电池存储和充放电、临时用电等风险，可能导致触电、电气火灾爆炸等电气事故。

图 2－32　外场飞行试验

2.6.1　主要电气危险因素

外场飞行试验主要电气危险因素见表 2－8。

表 2－8　外场飞行试验主要电气危险因素

序号	主要电气危险因素	可能造成事故
1	防雷装置失效	雷击
2	汽油存储不当	火灾爆炸
3	油箱加油未采取防静电措施	
4	锂电池存储不当	
5	锂电池充放电不符合要求	
6	飞行器电气线路故障	
7	固定或临时用电线路设置不规范	触电
8	电气设备或线路带电部位裸露	
9	电气设备或线路绝缘不良	
10	电气设备、仪器等未按要求接地或接地不良	
11	人员误操作、违章作业	触电、火灾爆炸

2.6.2　电气安全要求

1）航天电子外场飞行试验场所禁止在雷雨天气条件下进行飞行试验。

2）航天电子外场飞行试验场所汽油存储应符合本书中 2.2 节中危险化学品暂存间电气安全要求。

3）航天电子外场飞行试验场所汽油使用应满足以下要求。

a）在指定位置进行，周围设安全隔离区，10 m 范围内无明火、点火源和无线通信设备。

b）加油设备、油桶应有可靠接地，并使用过滤装置。

c）加注人员必须按要求消除静电。

d）禁止在无人机加电时加注油。

4）航天电子外场飞行试验场所锂电池存储和充放电应满足以下要求。

锂电池充放电时要求如下。

a）使用过程中宜按照制造厂家规定的充电条件，且使用与电池或电池组相匹配的充电装置进行充电。

b）使用过程宜选取干燥、开放的环境对电池组进行充放电，避免在复杂环境下充放电（除电池制造厂家允许的条件外，如相应的 IP 防护等），如高温、高湿等，以免造成短路、腐蚀或相关保护功能失效。

c）电池和电池组宜处于正常工作温度下操作，避免电池或电池组超出制造厂家推荐的温度范围工作。

d）充电前宜清理电池或电池组周围环境，避免周围堆积可燃物，远离易燃易爆区域。

e）电池或电池组宜设计防反接保护，若无此功能，使用时注意电池或电池组的极性。

锂电池长期放置时要求如下。

a）若设备长时间不使用，宜按照制造厂家的要求进行处理。

b）放置时，宜清理电池或电池组周围环境，避免周围堆积可燃物，远离易燃易爆区域。

c）长期贮存后的电池或电池组，宜按照制造商规定的时间周期及方法进行充电恢复，以获取最佳的性能。

预防异常情况的要求如下。

a）电池或电池组充电过程中不宜被使用。

b）电池或电池组充满电后宜及时停止充电，避免长时间连续充电。

c）使用过程中不宜对电池或电池组进行过充电或过放电，以避免电池发生漏液、过热、起火、爆炸等危险。

d）在连接电池和充电设备、装置以及使用电池或电池组时不宜强制改变电池尺寸，不宜使用硬物撞击电池，防止尖锐物刺破电池，不宜破坏电池的包装、外形等，不宜使电池处于跌落、振动等状态，避免由于物理因素导致的危险发生。

e）电池和电池组宜避免被金属项链、曲别针、发卡等金属物接触，以减少短路的可能性。

异常情况处理时的要求如下。

a）使用时若发生误用，用户宜立即按照制造厂家提供的合理可预见误用的处理措施进行处理，以避免电池漏液、高温、爆炸、起火以及其他危险。

b）电池或电池组浸水后，除非制造厂家允许的情况外，一般情况下不宜继续使用。

c）在使用或充电期间，如发现电池有过热、散发异味、变形或其他异常之处，立即停止使用或充电，并按照要求进行处理。

第 3 章　航天电子用电安全常见问题隐患

在日常管理的积累中，通过检查，不断发现用电安全问题。航天电子技术研究院对这些常见问题进行了日常积累，并以图片形式进行展示。

3.1　变配电系统

隐患示例	规范示例
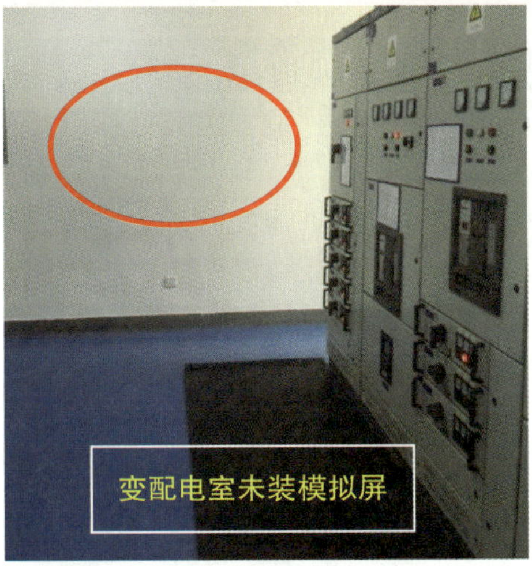	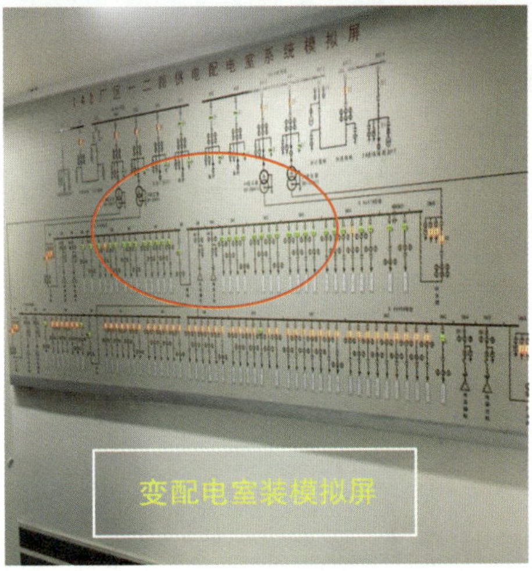

引用依据：《航天工业安全生产标准化考核评分细则 第 17 部分：电气设备设施》（QJ 20827.17—2018）17.1.1.5 有可模拟操作的模拟图板或设施，并与实际运行方式相符。

主要危害：配电室未配置控制回路模拟屏，误操作造成事故。

隐患示例	规范示例

引用依据：《20 kV 及以下变电所设计规范》(GB 50053—2013)6.2.5 地面宜采用耐压、耐磨、防滑、易清洁的材料铺装。

主要危害：配电室未铺设绝缘垫，检修造成事故。

隐患示例	规范示例

引用依据：《危险场所电气防爆安全规范》(AQ 3009—2007) 6.1.1.3.8 导线在隔离密封盒内不得有接头。6.1.1.3.9 导管通过墙、楼板、地坪时，隔离密封件与墙面、楼板、地坪的距离不应超过 300 mm，并应将孔洞严密堵塞。

主要危害：进出配电室的高低压线槽洞口未封堵，小动物进入造成事故。

隐患示例	规范示例
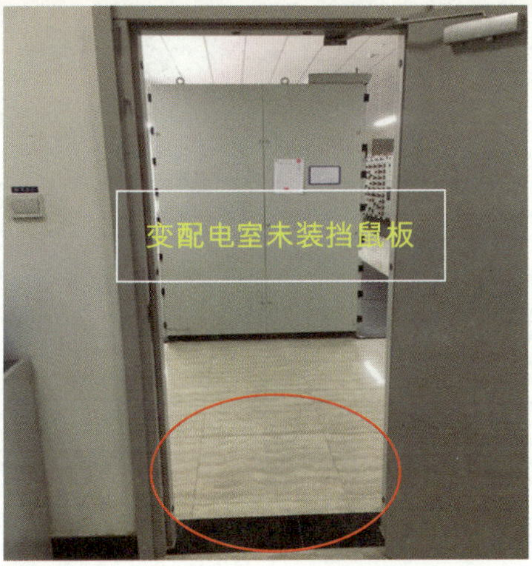	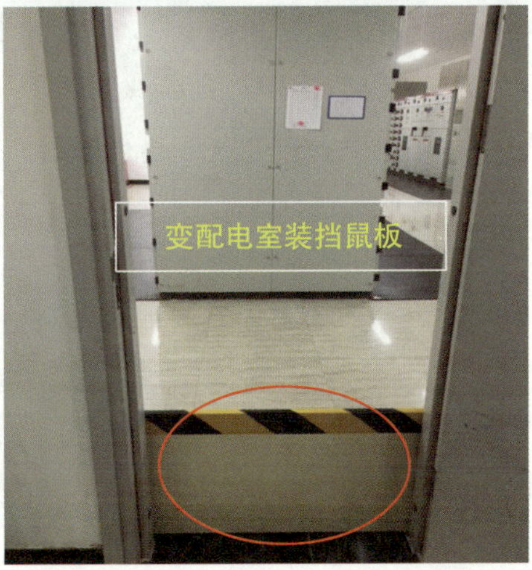

引用依据：《20 kV 及以下变电所设计规范》(GB 50053—2013) 6.2.4 变压器室、配电室、电容器室等房间应设置防止雨、雪和蛇、鼠等小动物从采光窗、通风窗、门、电缆沟等处进入室内的设施。

主要危害：小动物进入造成事故。

隐患示例	规范示例
	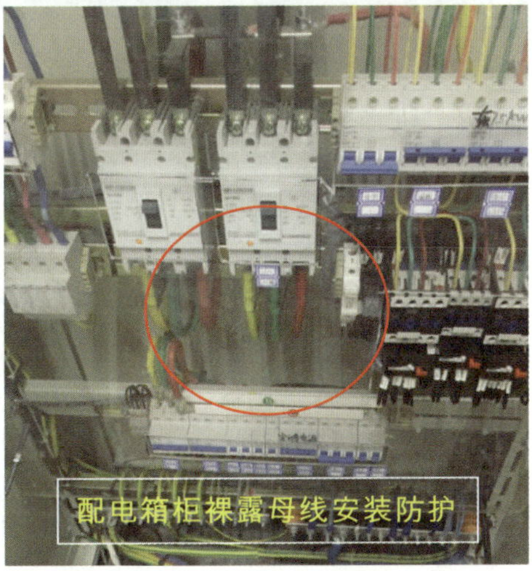

引用依据：《电气装置安装工程 盘、柜及二次回路接线施工及验收规范》(GB 50171—2012) 5.0.7 盘、柜内带电母线应有防止触及的隔离防护装置。

主要危害：配电箱内裸露母线未安装防护设施，引起触电事故。

隐患示例	规范示例
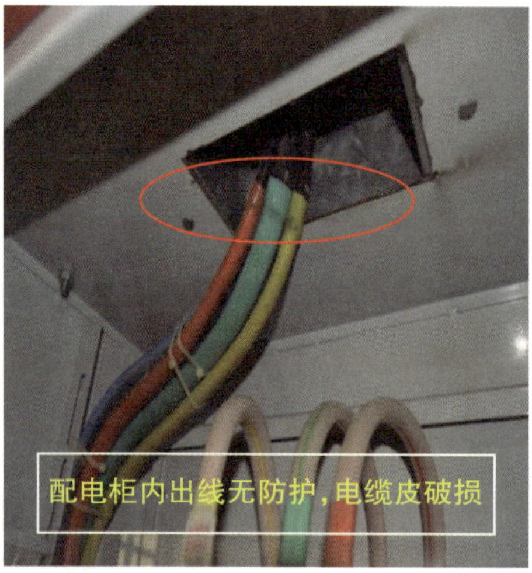	

引用依据：《航天工业安全生产标准化考核评分细则 第 17 部分：电气设备设施》(QJ 20827.17—2018) 17.5.2.5 箱(柜)关闭严密，出线应有保护，严禁承受外力；线路压接紧固，不得扭接、松动。

主要危害：配电柜内出线无防护，易导致触电事故。

隐患示例	规范示例
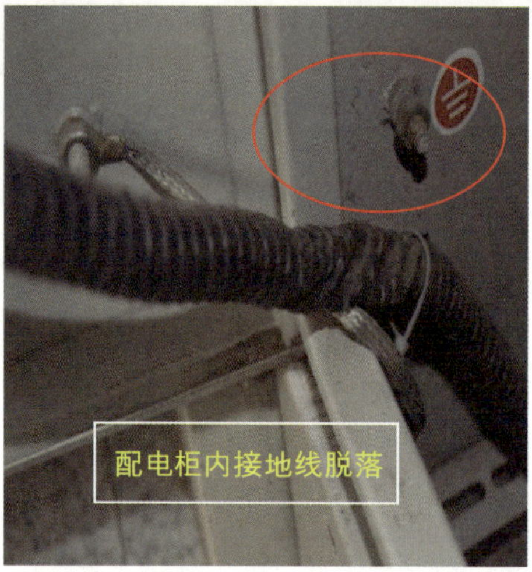	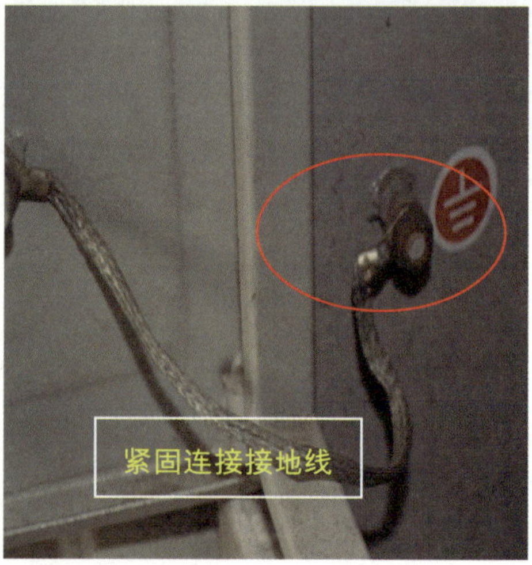

引用依据：《航天工业安全生产标准化考核评分细则 第 17 部分：电气设备设施》(QJ 20827.17—2018) 17.5.2.8 箱(柜)体有可靠的保护接地措施，门上有电气元件的应跨接保护。

主要危害：配电柜内接地线脱落，易导致触电事故。

隐患示例	规范示例

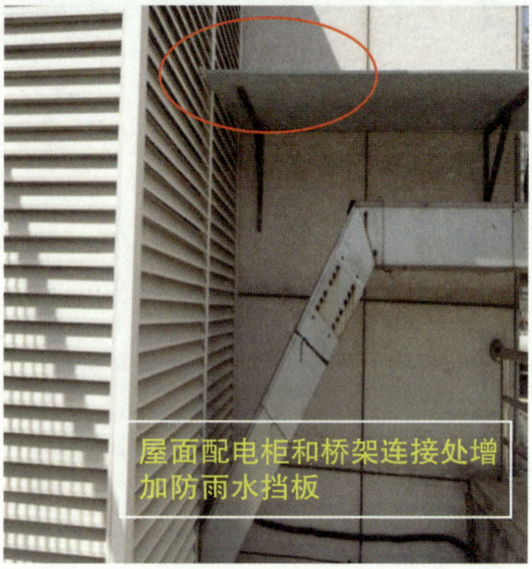

引用依据：《低压配电设计规范》(GB 50054—2011)7.1.2 配电线路的敷设环境应符合下列规定：应防止在使用过程中因水的侵入或因进入固体物带来的损害。

主要危害：室外配电柜和桥架连接处，未做防雨水措施，易导致短路跳闸。

隐患示例	规范示例

引用依据：《20 kV 及以下变电所设计规范》(GB 50053—2013) 6.2.4 变压器室、配电室、电容器室等房间应设置防止雨、雪和蛇、鼠等小动物从采光窗、通风窗、门、电缆沟等处进入室内的设施。

主要危害：窗户未安装纱网，易导致小动物进入造成事故。

隐患示例

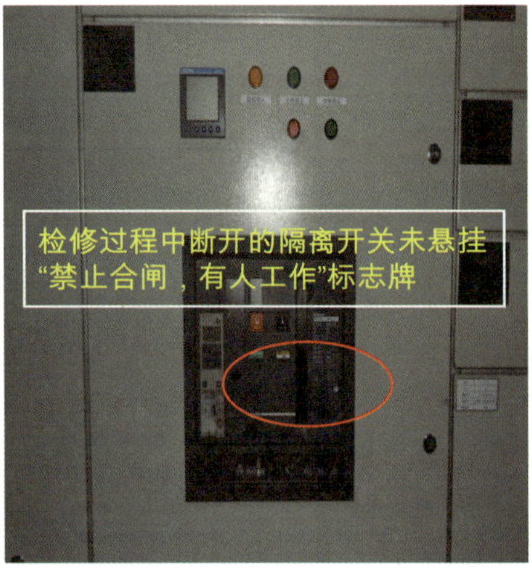

规范示例

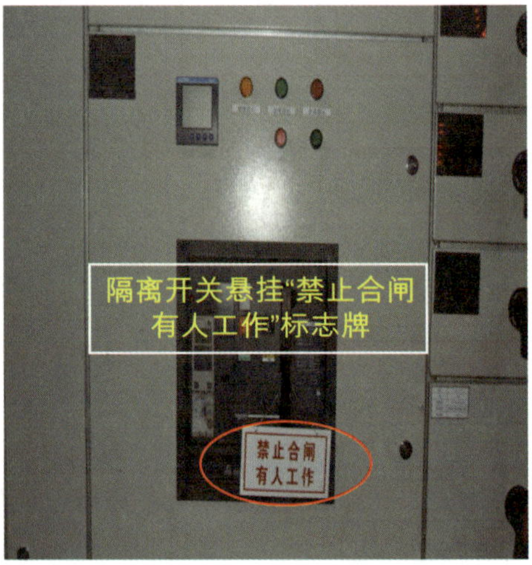

引用依据：引用依据：《电力安全工作规程 发电厂和变电站电气部分》(GB 26860—2011)6.5.1 在一经合闸即可送电到工作地点的隔离开关操作把手上，应悬挂“禁止合闸　有人工作”或“禁止合闸　线路有人工作”的标示牌。

主要危害：主要危害：未悬挂维修标志牌和绝缘锁，误操作引起触电。

隐患示例

规范示例

引用依据：《航天工业安全生产标准化考核评分细则 第 17 部分：电气设备设施》(QJ 20827.17—2018)17.1.2.14 安全用具完好，清洁干净，存放在通风干燥处，防止潮湿，在检验周期内使用，有定期检测记录。

主要危害：变配电室未配备检定合格的安全用具易导致人员触电。

隐患示例	规范示例
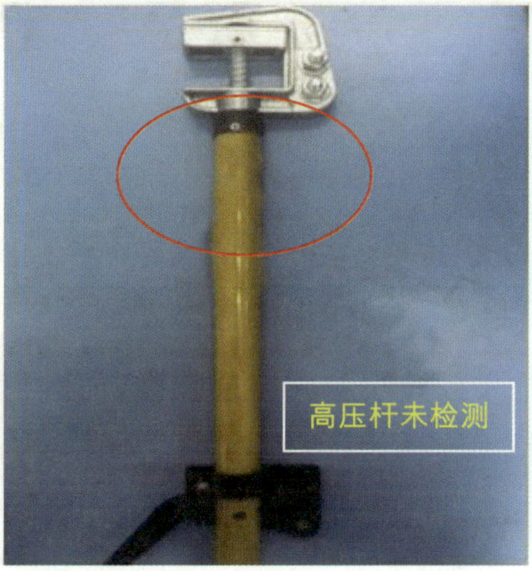	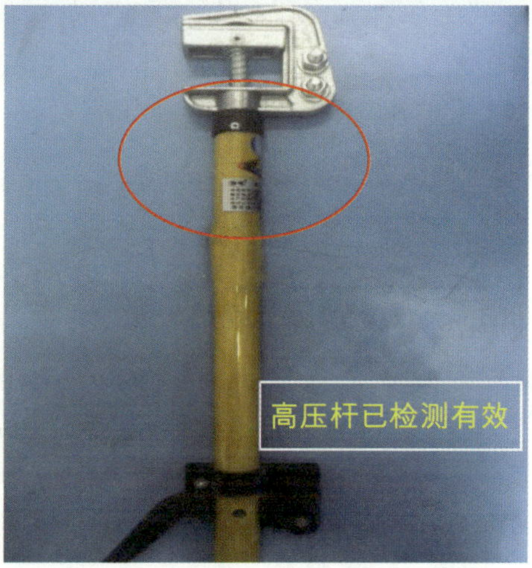

引用依据：《高压电力用户用电安全》(GB/T 31989—2015)7.5.2 电气安全工器具应严格遵照国家和行业规定进行定期试验和检测。

主要危害：高压绝缘工具未检测，失效引起触电事故。

隐患示例	规范示例
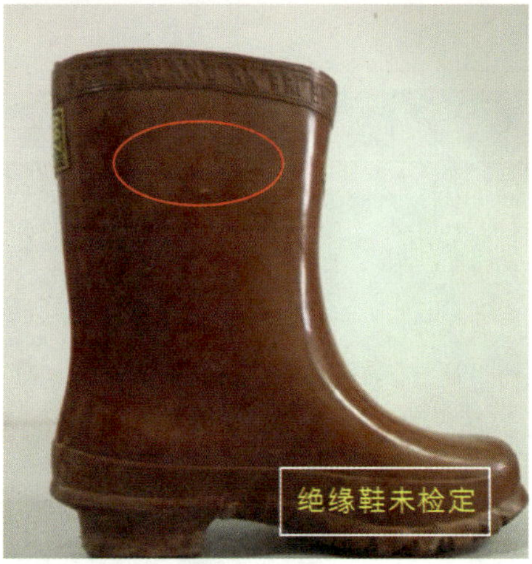	

引用依据：《航天工业安全生产标准化考核评分细则 第 17 部分：电气设备设施》(QJ 20827.17—2018)17.1.2.14 安全用具完好，清洁干净，存放在通风干燥处，防止潮湿，在检验周期内使用，有定期检测记录。

主要危害：安全用具失效造成人员触电。

隐患示例	规范示例
 操作人员未戴防护手套	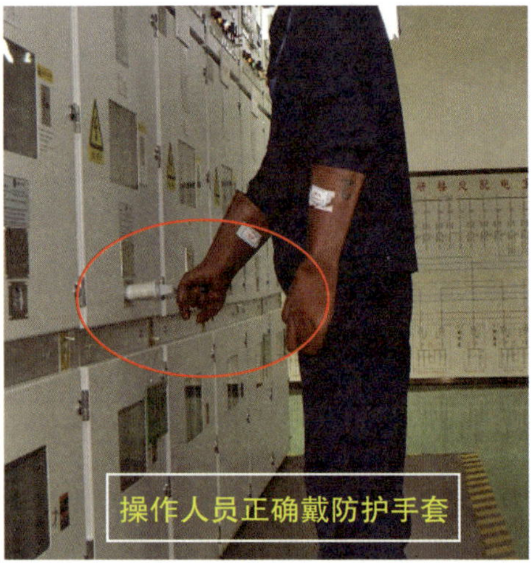 操作人员正确戴防护手套

引用依据：《电力安全工作规程 发电厂和变电站电气部分》(GB 26860—2011)7.1.3 高压设备发生接地故障时，室内人员进入接地点 4 m 以内，室外人员进入接地点 8 m 以内，均应穿绝缘靴。接触设备的外壳和构架时，还应戴绝缘手套。

主要危害：操作人员未戴防护手套，易导致触电。

3.2 易燃易爆场所

隐患示例	规范示例
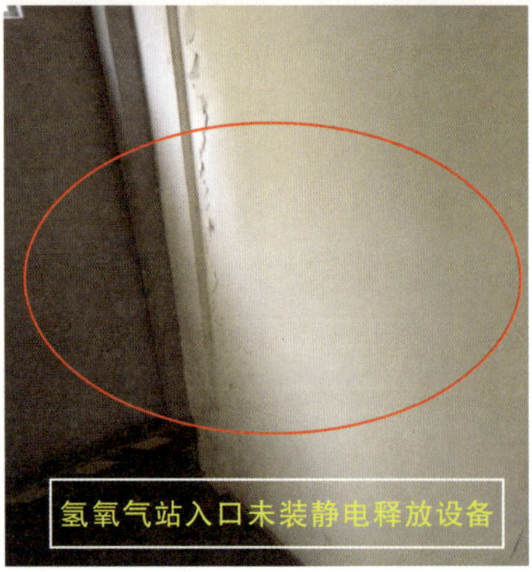 氢氧气站入口未装静电释放设备	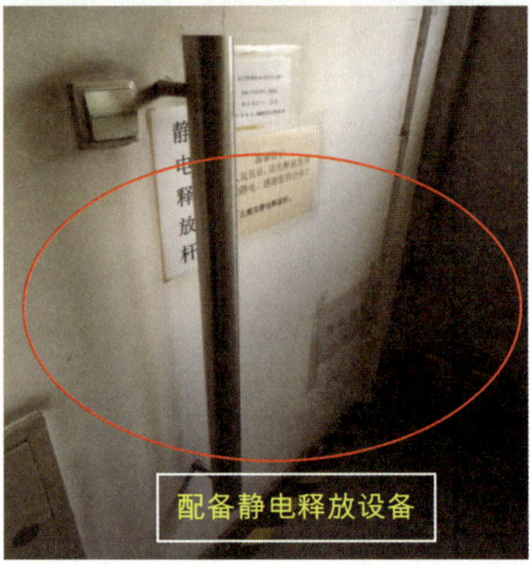 配备静电释放设备

引用依据：《航天工业安全生产标准化考核评分细则 第 11 部分：航天电子》(QJ 20827.11—2018) 11.1.13.3 操作人员应按规定着装，导消人体静电，禁止携带火种、非防爆无线通信工具。

主要危害：人体静电未导消引起氢气爆炸。

隐患示例	规范示例

引用依据：《航天工业安全生产标准化考核评分细则 第 11 部分：航天电子》（QJ 20827.11—2018）11.1.4.4 管道阀门、法兰等连接处，应采用金属线跨接。

主要危害：气体高速流动产生静电导致爆炸。

隐患示例	规范示例

引用依据：《中华人民共和国安全生产法》第五十七条 从业人员在作业过程中，应当严格落实岗位安全责任，遵守本单位的安全生产规章制度和操作规程，服从管理，正确佩戴和使用劳动防护用品。

主要危害：静电导致爆炸。

隐患示例	规范示例

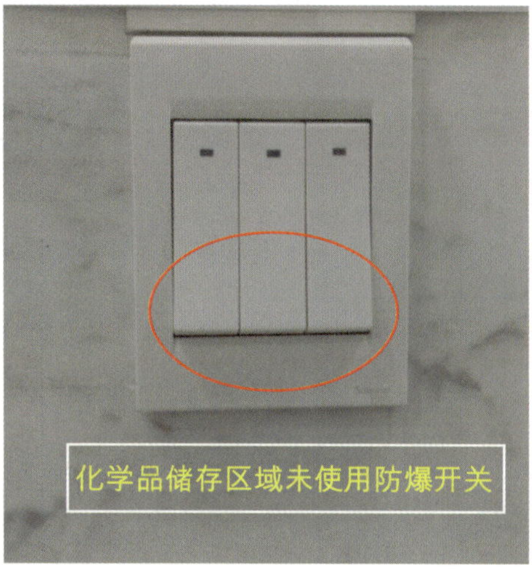

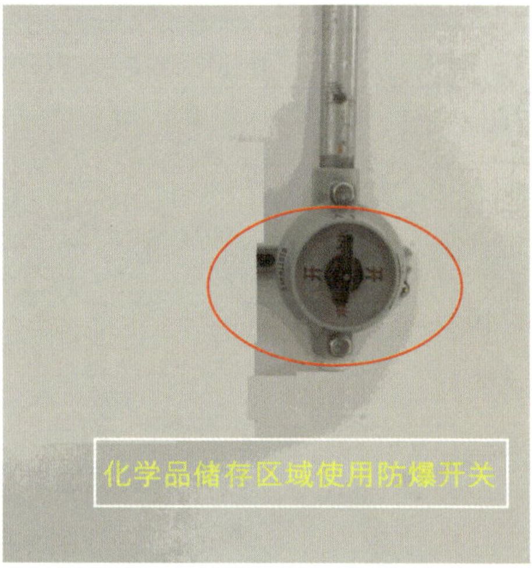

引用依据：《危险化学品安全管理条例》(2013 年)(中华人民共和国国务院令第 645 号)第二十条 生产、储存危险化学品的单位，应当根据其生产、储存的危险化学品的种类和危险特性，在作业场所设置相应的监测、监控、通风、防晒、调温、防火、灭火、防爆、泄压、防毒、中和、防潮、防雷、防静电、防腐、防泄漏以及防护围堤或者隔离操作等安全设施、设备。

主要危害：化学品储存区域未使用防爆开关，导致火灾爆炸。

隐患示例	规范示例

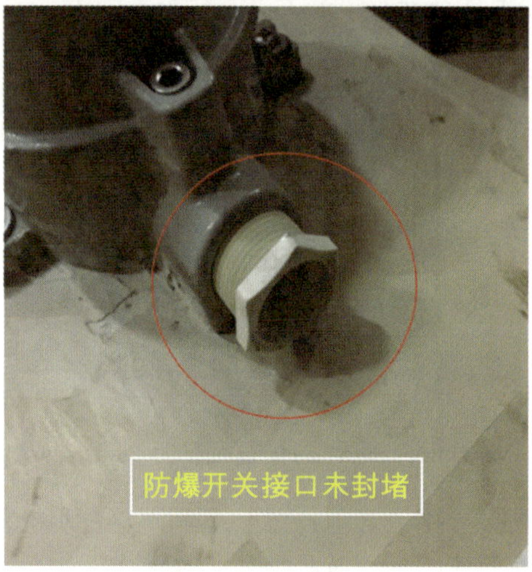

引用依据：《危险场所电气防爆安全规范》(AQ 3009—2007)6.1.2.1.7 电气设备多余的电缆引入口应用适合于相关防爆型式的堵塞元件进行封堵。

主要危害：防爆开关多余的接头未封堵，导致火灾爆炸。

续表

隐患示例	规范示例
	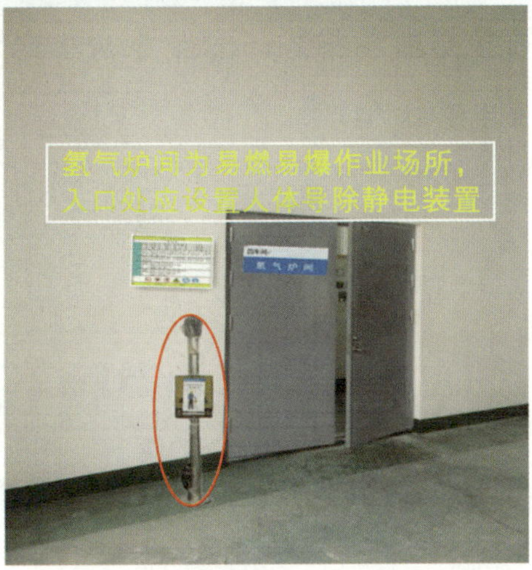

引用依据：《化工企业安全卫生设计规范》(HG 20571—2014)4.2.10 可能产生静电危害的工作场所，应配置个人防静电防护用品。重点防火、防爆作业区的入口处，应设计人体导除静电装置。

主要危害：作业人员未导除静电，进入氢气炉作业区域，易产生静电打火现象，引发爆炸事故。

隐患示例	规范示例
	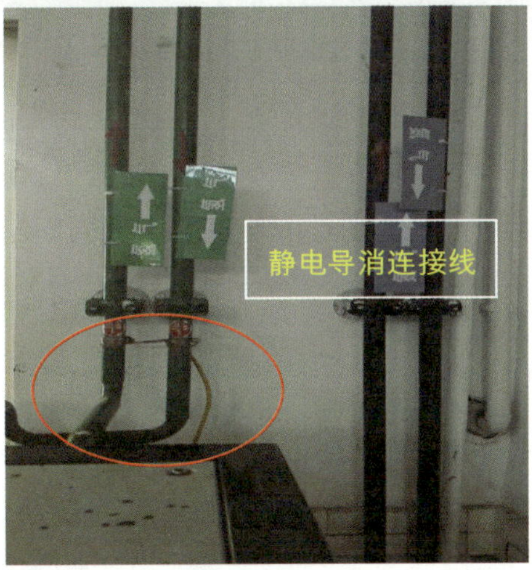

引用依据：《航天工业安全生产标准化考核评分细则 第 15 部分：特种设备》(QJ 20827.15—2018) 15.7.2.4 输送助燃、易燃、易爆介质的管道，凡少于 5 枚螺钉连接的法兰应接跨接线，每 200 m 长度应安装导消静电接地装置，接地电阻应小于 100 Ω，定期检测合格，并保持记录。

主要危害：易造成静电积聚，发生氢气闪爆事件。

隐患示例

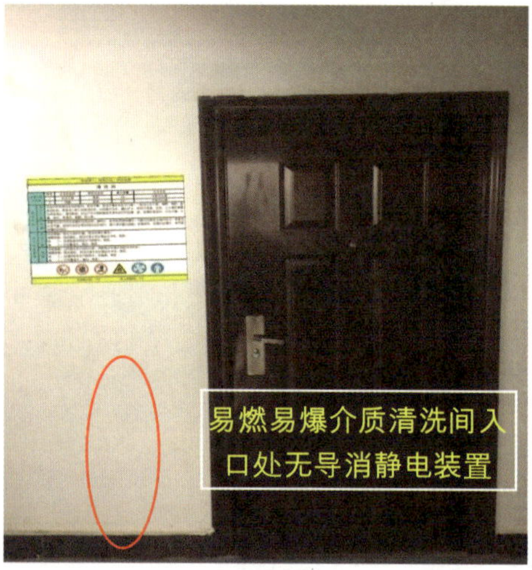

规范示例

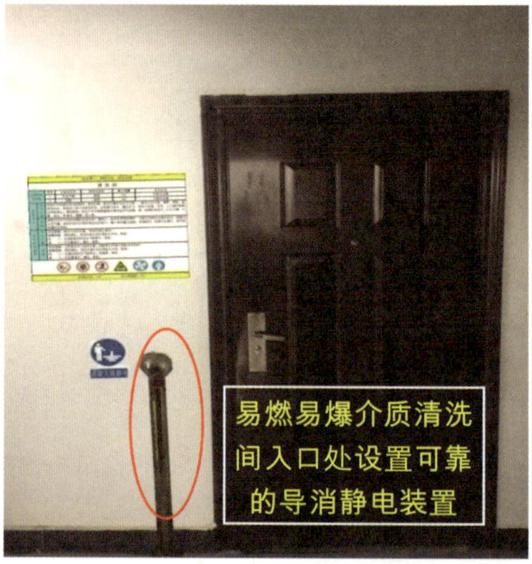

引用依据：《生产设备安全卫生设计总则》(GB 5083—1999)6.4.1 生产、使用、贮存和运输易燃易爆物质和可燃物的生产设备，应根据其燃点、闪点、爆炸极限等不同性质采取相应预防措施——消除电火花和静电积聚。

主要危害：清洗间属于易燃易爆作业场所，未导消人体静电进入场所，可能引发火灾或爆炸事故。

隐患示例

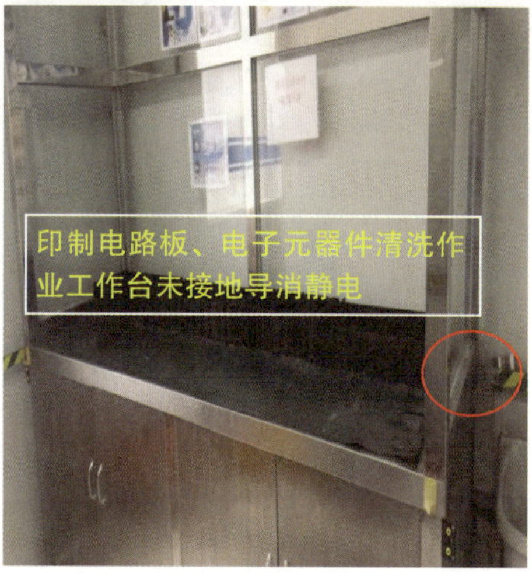

规范示例

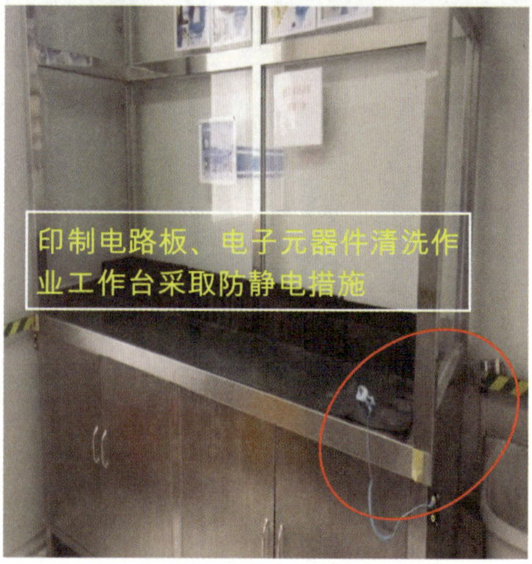

引用依据：《航天工业安全生产标准化考核评分细则 第 11 部分：航天电子》(QJ 20827.11—2018) 11.7.4.4 使用易燃易爆清洗介质的清洗间应使用防爆电器，设备及工作台静电导消装置完好，清洗剂应存放在阻燃型安全柜中。

主要危害：导致火灾。

隐患示例	规范示例
	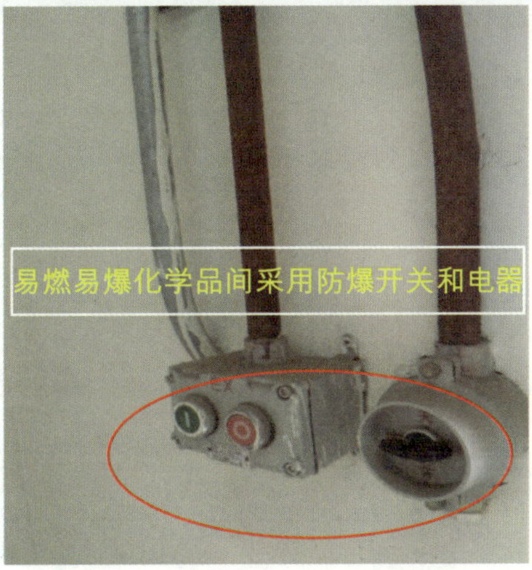

引用依据：《危险化学品安全管理条例》(2013 年)(中华人民共和国国务院令第 645 号)第二十条 生产、储存危险化学品的单位，应当根据其生产、储存的危险化学品的种类和危险特性，在作业场所设置相应的监测、监控、通风、防晒、调温、防火、灭火、防爆、泄压、防毒、中和、防潮、防雷、防静电、防腐、防泄漏以及防护围堤或者隔离操作等安全设施、设备。

主要危害：未使用防爆开关，易导致火灾爆炸。

隐患示例	规范示例
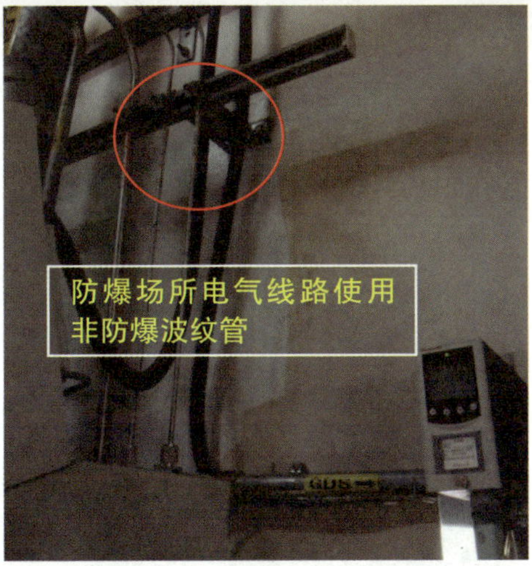	

引用依据：《危险场所电气安全防爆规范》(AQ 3009—2007)6.1.1.3.1 b)与隔爆外壳相关的导管：挠性金属导管或复合材料结构，如金属导管具有塑料或橡胶套(有国家检验机关颁发防爆合格证书的)。

主要危害：易导致火灾、爆炸。

隐患示例	规范示例
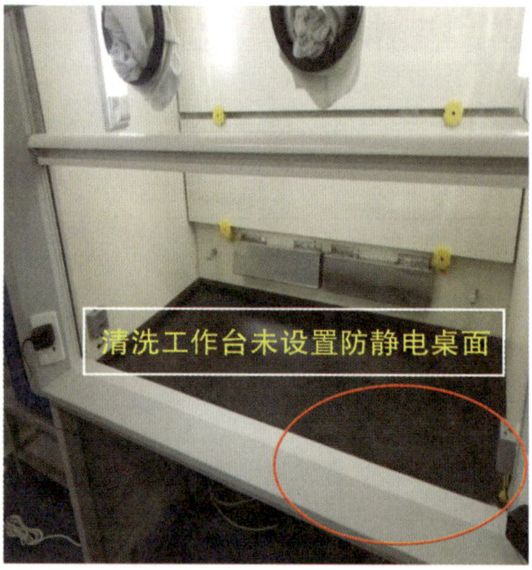	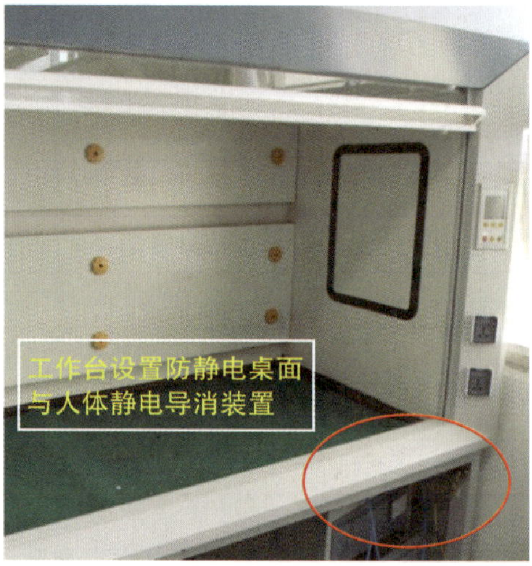

引用依据：《航天工业安全生产标准化考核评分细则 第 7 部分：危险化学品和航天材料》(QJ 20827.7—2018)7.3.2.2 工作台台面应采取防静电措施，接地良好并定期检测。

主要危害：易引起剧烈燃烧或爆炸。

3.3 作业场所

隐患示例	规范示例

引用依据：《航天工业安全生产标准化考核评分细则 第 16 部分：机械设备设施》(QJ 20827.16—2018) 16.1.1.7 局部照明或移动照明应采用安全电压，线路无老化，绝缘无破损。

主要危害：漏电导致人员触电。

隐患示例	规范示例

引用依据：《用电安全导则》(GB/T 13869—2017)5.1.2 电气线路应具有足够的绝缘强度、机械强度和导电能力。

主要危害： 漏电导致人员触电。

隐患示例	规范示例
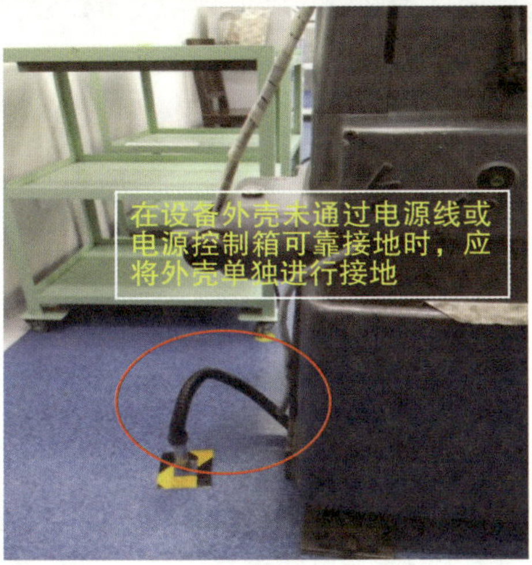	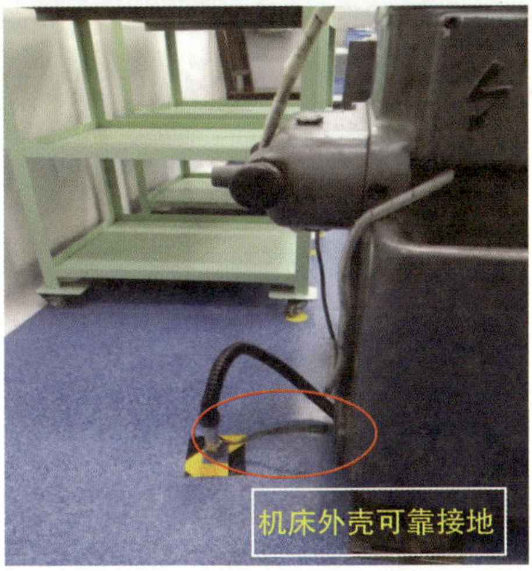

引用依据：《航天工业安全生产标准化考核评分细则 第 16 部分：机械设备设施》(QJ 20827.16—2018) 16.1.1.6 PE 线应连接可靠。

主要危害： 漏电导致人员触电。

隐患示例

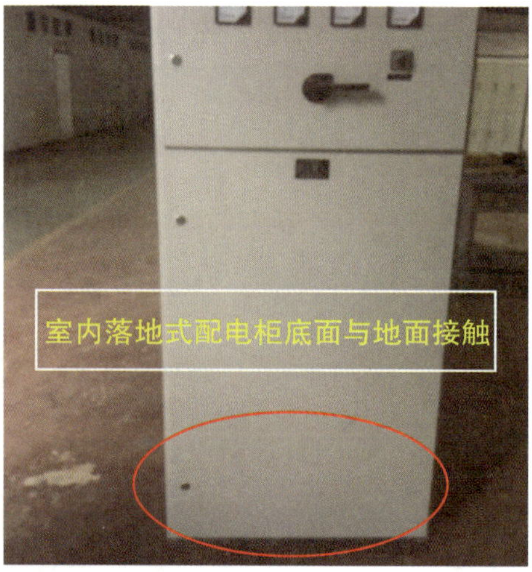

规范示例

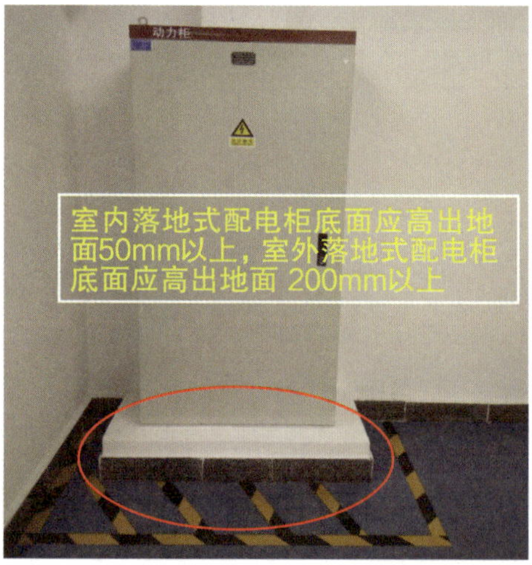

引用依据：《低压配电设计规范》(GB 50054—2011)4.2.1 落地式配电箱的底部应抬高，高出地面的高度室内不应低于 50 mm，室外不应低于 200 mm；其底座周围应采取封闭措施，并应能防止鼠、蛇类等小动物进入箱内。

主要危害：漏电导致人员触电。

隐患示例

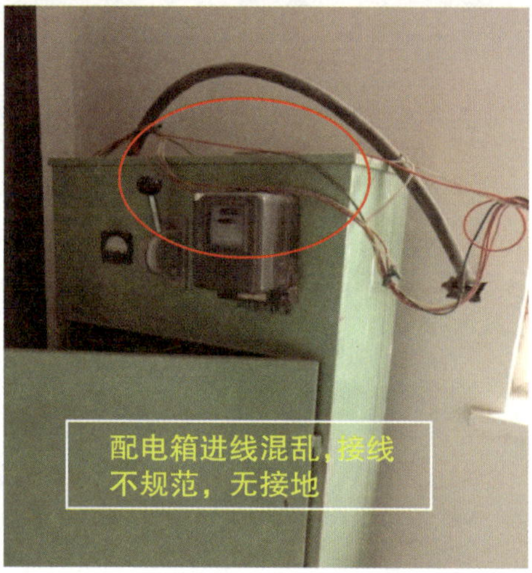

规范示例

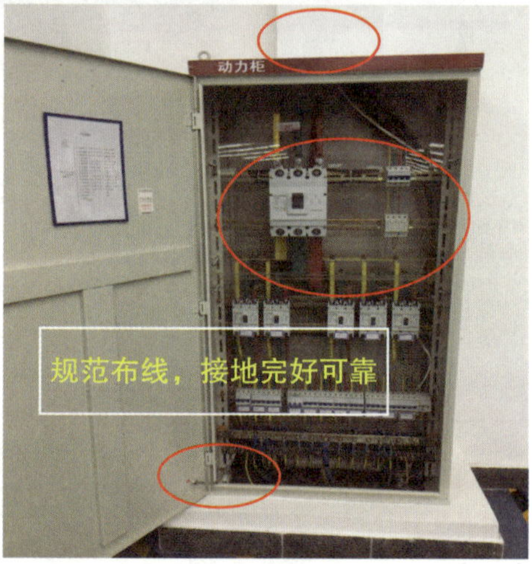

引用依据：《航天工业安全生产标准化考核评分细则 第 17 部分：电气设备设施》(QJ 20827.17—2018) 17.5.2.10 箱(柜)体完好无损，开启灵活，箱(柜)上应无飞线，无积尘、无油污、无烧损，箱(柜)内无杂物。

主要危害：漏电导致人员触电。

隐患示例	规范示例

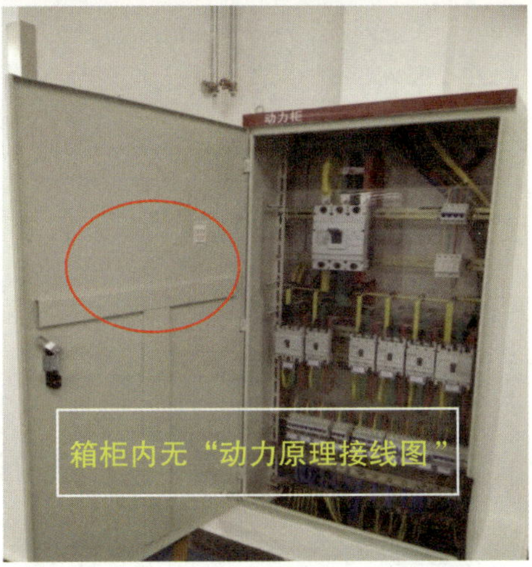

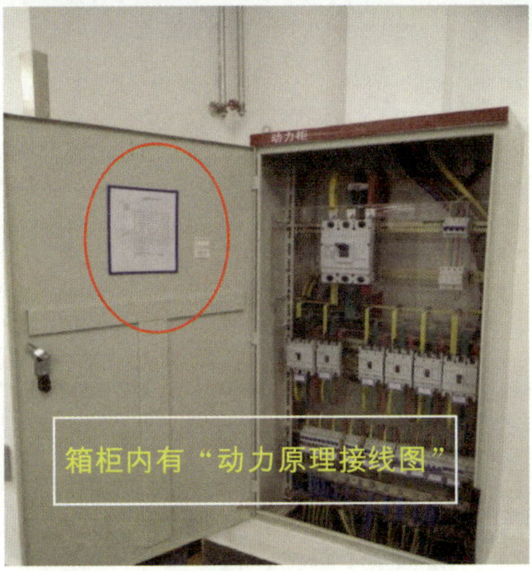

引用依据：《航天工业安全生产标准化考核评分细则 第 17 部分：电气设备设施》(QJ 20827.17—2018)

17.5.6.3 箱柜内应有“动力原理接线图”，标识电器装置的型号、规格、保护电气装置整定值，所控对象的名称、编号等，且与实际相符合。

主要危害：操作导致误触电。

隐患示例	规范示例

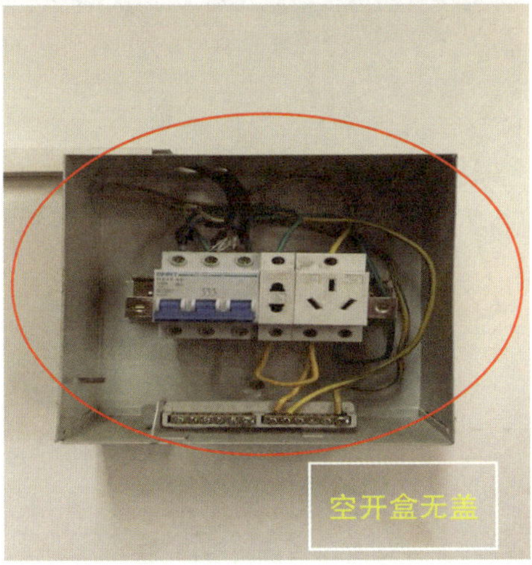

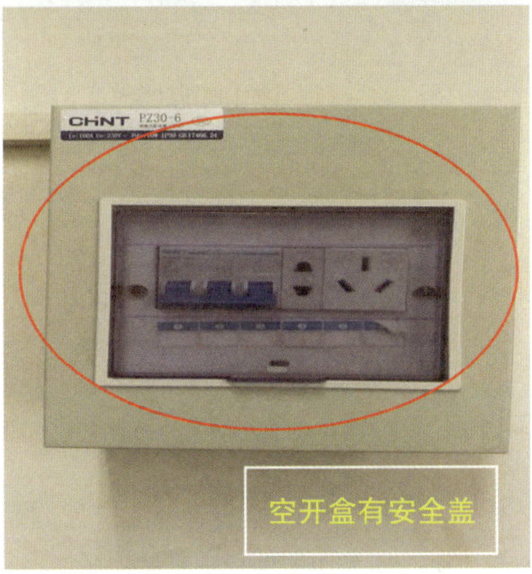

引用依据：《航天工业安全生产标准化考核评分细则 第 17 部分：电气设备设施》(QJ 20827.17—2018)

17.5.2.1 箱柜电源侧应有可靠的隔离电器分隔总路，操动机构应可靠分断或合闸电路；各个电气单元绝缘良好、接头无外露，并排列整齐、安装牢固，设有良好的外壳防护装置。

主要危害：导致人员触电。

隐患示例	规范示例
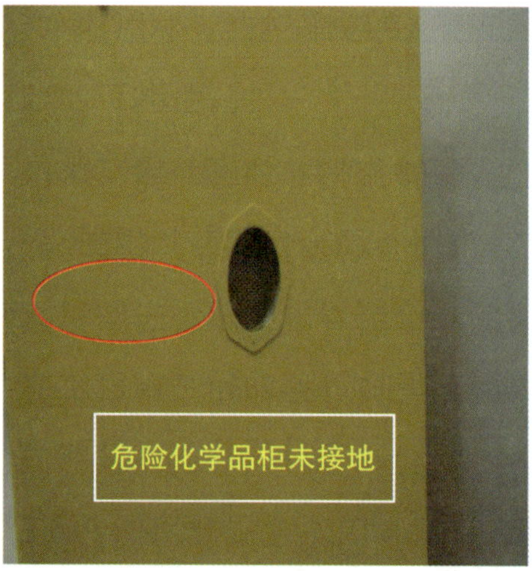	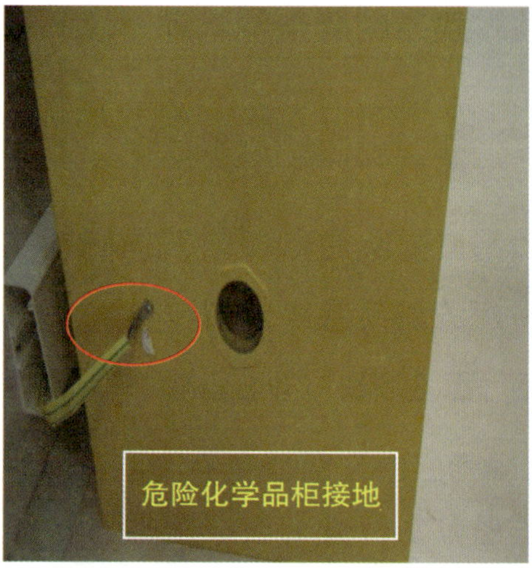

引用依据：《航天工业安全生产标准化考核评分细则 第 7 部分：危险化学品和航天材料》(QJ 20827.7—2018)7.8.1.6 易燃易爆危险化学品暂存柜接地应完好、可靠。

主要危害：易产生静电引起火灾。

隐患示例	规范示例

引用依据：《电镀生产装置安全技术条件》(AQ 5203—2008) 6.7 导电座与槽体之间、槽体与地面之间应设有可靠的绝缘措施。

主要危害：设备漏电，易导致人员触电。

隐患示例	规范示例
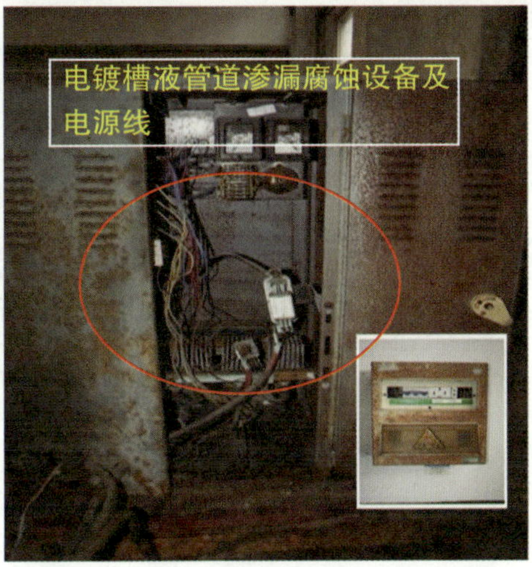	

引用依据：《航天工业安全生产标准化考核评分细则 第 17 部分：电气设备设施》(QJ 20827.17—2018) 17.5.1.3 粉尘、潮湿或露天、腐蚀性环境中的配电箱(柜、板)应采用密闭式、防腐型设备。

主要危害： 电镀槽液管道渗漏腐蚀设备及电源线，作业人员与之接触，可能引发触电事故。

隐患示例	规范示例
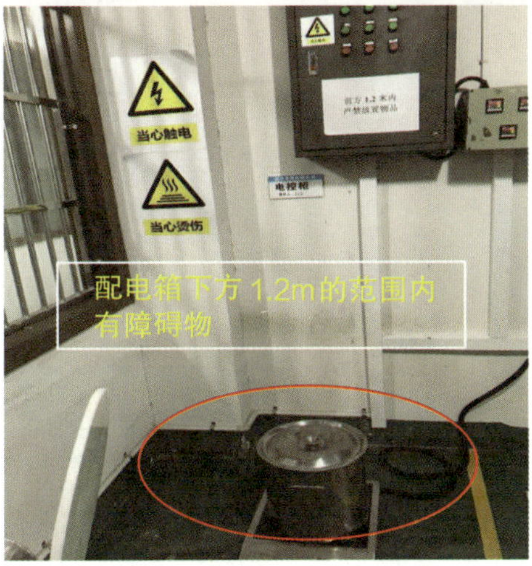	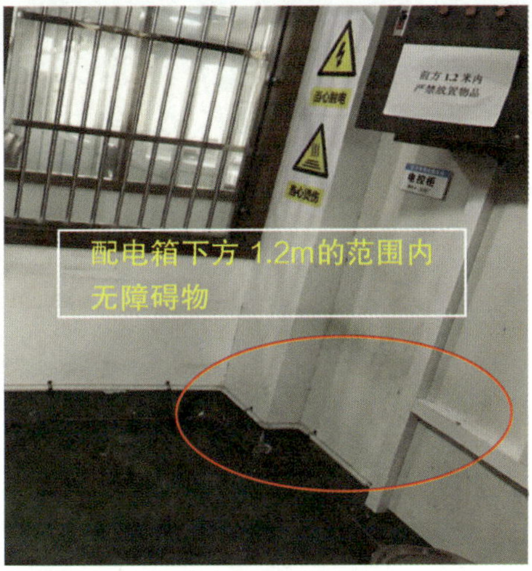

引用依据：《航天工业安全生产标准化考核评分细则 第 17 部分：电气设备设施》(QJ 20827.17—2018) 17.5.2.4 箱(柜、板)前方(或下方)1.2 m 的范围内应无障碍物；当工艺布置有困难时，照明箱可减至 0.8 m。

主要危害： 紧急情况下使用配电箱受限。

隐患示例	规范示例
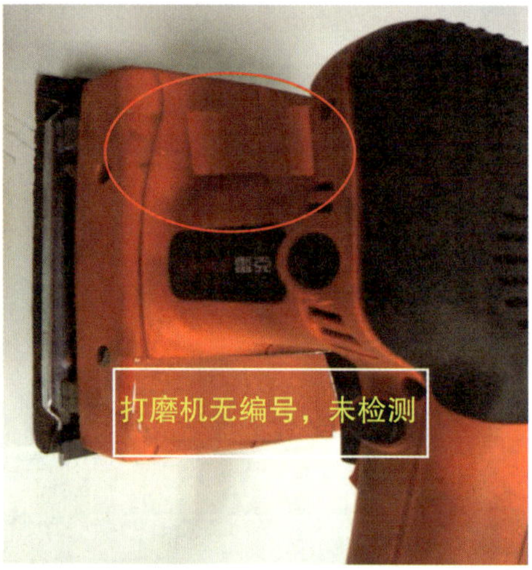	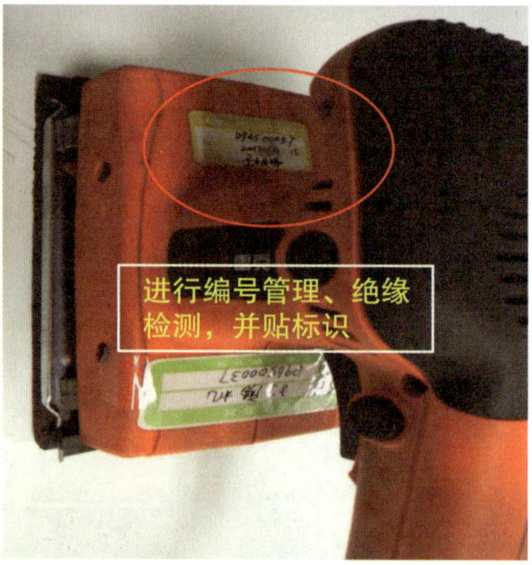

引用依据：《手持式电动工具的管理、使用、检查和维修安全技术规程》(GB/T 3787—2017) 6.3 b) 每年至少检查一次。f)经定期检查合格的工具，应在工具的适当部位，粘贴检查“合格”标识。

主要危害：漏电易造成人员触电。

隐患示例	规范示例
	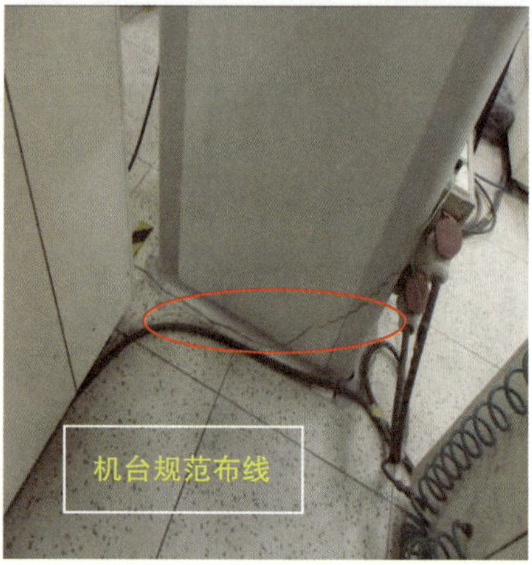

引用依据：《电气装置安装工程 接地装置施工及验收规范》(GB 50169—2016) 4.2.9 电气装置的接地必须单独与接地母线或接地网相连接，严禁在一条接地线中串接两个及两个以上需要接地的电气装置。

主要危害：漏电易造成人员触电。

隐患示例	规范示例
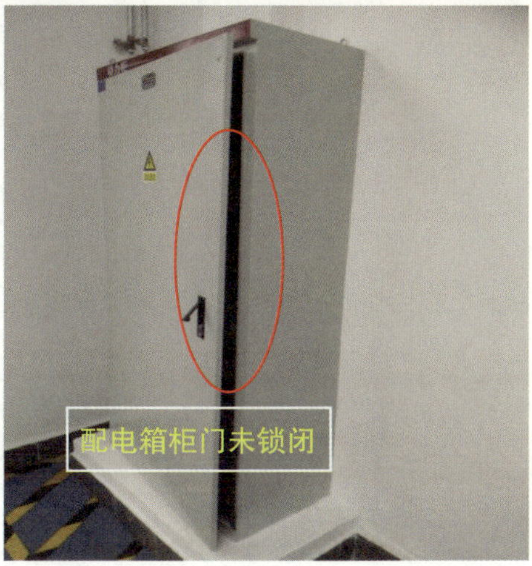	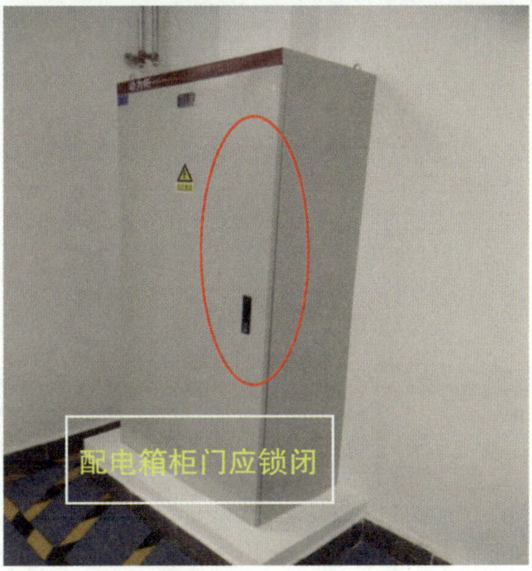

引用依据：《航天工业安全生产标准化考核评分细则 第 17 部分：电气设备设施》(QJ 20827.17—2018) 17.5.2.5 箱(柜)关闭严密，出线应有保护，严禁承受外力；线路压接紧固，不得扭接、松动。

主要危害：造成人员触电。

隐患示例	规范示例
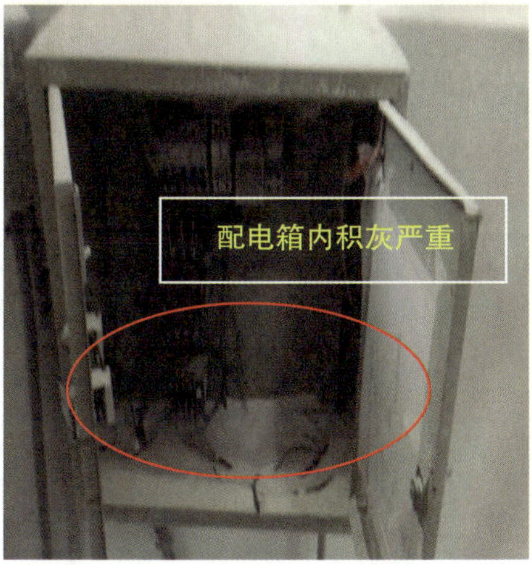	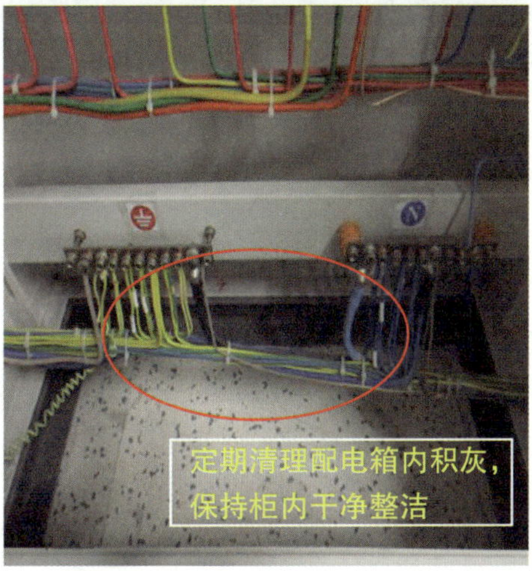

引用依据：《航天工业安全生产标准化考核评分细则 第 17 部分：电气设备设施》(QJ 20827.17—2018) 17.5.2.10 箱(柜)体完好无损，开启灵活，箱(柜)上应无飞线、无积尘、无油污、无烧损，箱(柜)内无杂物。

主要危害：易导致配电箱(柜)电气线路短路火灾。

隐患示例	规范示例

引用依据：《航天工业安全生产标准化考核评分细则 第 11 部分：航天电子》(QJ 20827.11—2018) 11.5.1.3 设备应有可靠保护接地，接地电阻定期检测，电阻值不大于 4 Ω。

主要危害：外壳带电易导致人员触电。

隐患示例	规范示例
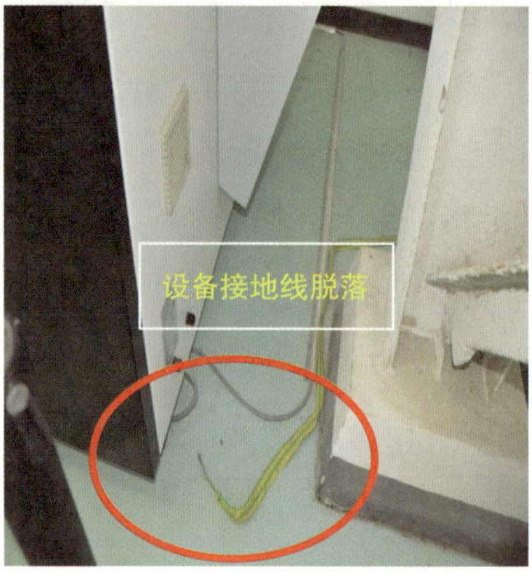	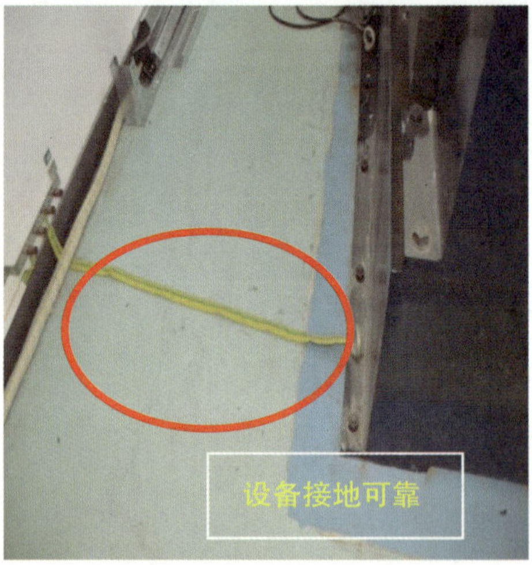

引用依据：《航天工业安全生产标准化考核评分细则 第 19 部分：科研保障》(QJ 20827.19—2018) 19.10.1.5 设备接地可靠，定期检测，留存记录。

主要危害：漏电导致人员触电。

隐患示例

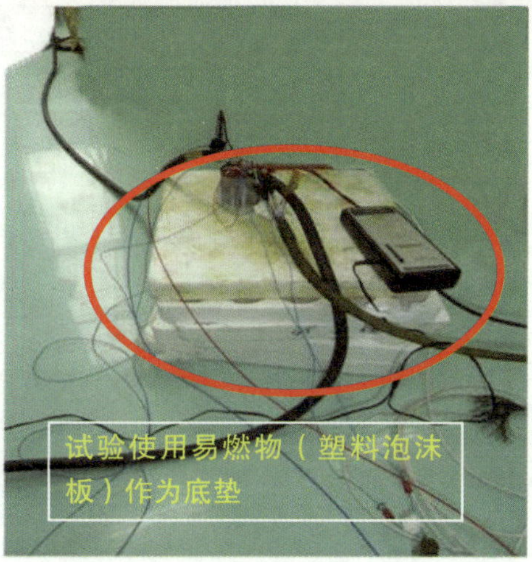

规范示例

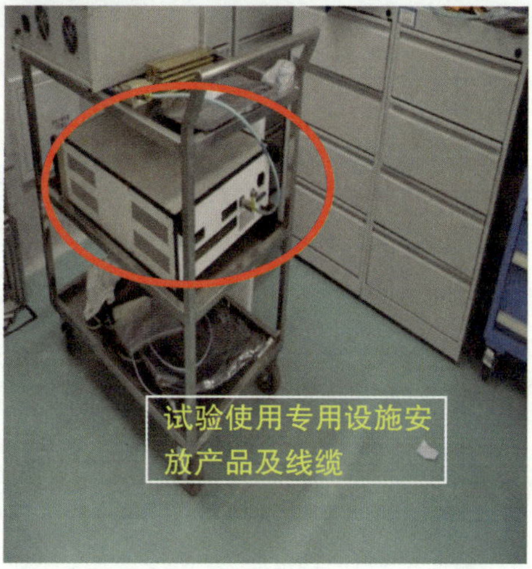

引用依据：《航天工业安全生产标准化考核评分细则 第19部分：科研保障》（QJ 20827.19—2018）19.10.1.3 设备供电线路绝缘完好，防护措施完善，设备供电电源开关就近设置，应一机一控，电源开关供电线路与设备用电负荷相匹配。

主要危害：受热燃烧引起火灾及人员伤亡。

隐患示例

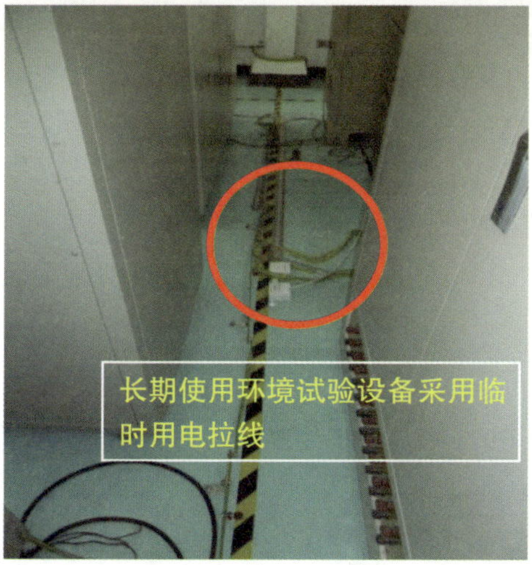

规范示例

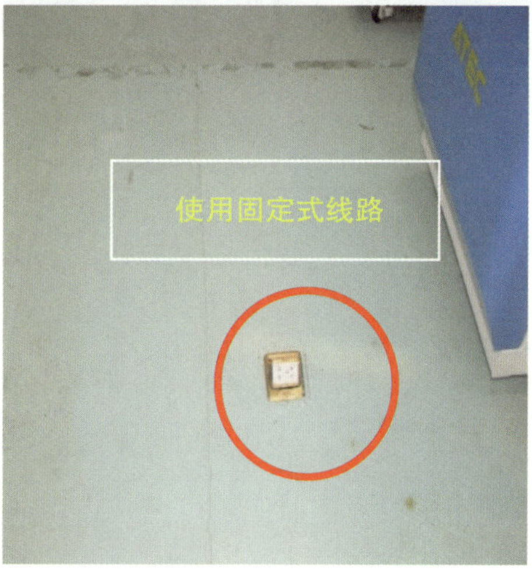

引用依据：《航天工业安全生产标准化考核评分细则 第17部分：电气设备设施》（QJ 20827.17—2018）17.2.2.3 临时低压电气线路期限宜为15天，如需要延长应办理延期手续；当预期超过三个月的临时低压电气线路，应按固定线路方式进行设置。

主要危害：漏电导致人员触电。

隐患示例	规范示例

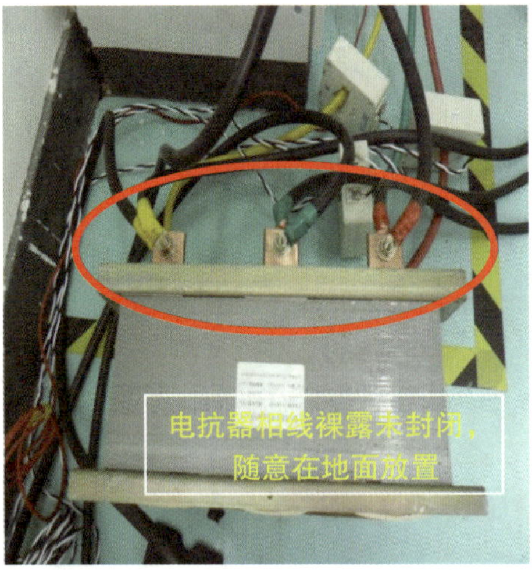

引用依据：《航天工业安全生产标准化考核评分细则 第 17 部分：电气设备设施》(QJ 20827.17—2018) 17.2.1.16 危险部位有屏护或其他保护措施。

主要危害： 漏电导致人员触电。

第 4 章　电气事故应急处置

4.1　电气火灾的扑救

电气火灾发生后，电气设备和线路可能是带电的，因此，灭火时需要切断电源，无法断电的需采取相应措施后才能带电灭火。

4.1.1　断电后灭火

火灾发生后，电气设备因绝缘损坏、线路因断线接地而短路，使正常不带电的金属构架、地面等部位带电，从而导致接触电压或跨步电压而发生触电事故。因此，发现火灾应首先切断电源。切断电源时应注意：

1）火灾发生后，由于受潮或烟熏，开关设备的绝缘能力会降低，拉闸时应使用绝缘工具操作。

2）高压设备应先操作油断路器，而不应该先操作隔离开关切断电源，以防引起弧光短路。

3）切断电源的地点要适当，防止影响灭火工作。

4）剪断电线时，不同相线应在不同部位剪断，防止造成短路。剪断空中电线时，剪断位置应选在电源方向支持物附近，防止电线断头接地发生短路而造成触电事故。

4.1.2　带电灭火安全要求

1）按灭火剂的种类选择适当的灭火器。二氧化碳、二氟一氯一溴甲烷

(即 1211)、二氟二溴甲烷或干粉灭火器的灭火剂都是不带电的，可用于带电灭火。

2）水枪灭火。用水枪灭火时宜采用喷雾水枪，这种水枪通过水柱的泄漏电流较小，带电灭火比较安全。用普通直流水枪灭火时，为防止经过水柱的泄漏电流通过人体，可以将水枪喷嘴接地，或要求灭火人员戴绝缘手套和穿绝缘靴或穿均压服进行操作。

3）人体与带电体之间保持必要的安全距离。用水枪灭火时，水喷嘴至带电体的距离：110 kV 及以下不应小于 3 m，220 kV 及以上不应小于 5 m。用二氧化碳等不导电的灭火器灭火时，机体、喷嘴至带电体的最小距离：10 kV 不应小于 0.4 m，35 kV 不应小于 0.6 m 等。

4）对架空线路等高空设备进行灭火时，人体位置与带电体之间的仰角不应超过 45°，防止导线断落而危及灭火人员的安全。

5）当有电导线断落在地面或出现跨步电压时，应划出相应的安全区，作出明显标志或派人看守，防止跨步电压或发生触电，并及时派专人妥善处理。

6）带电灭火应由有经验的人员进行，并有人监护。

4.1.3 电气火灾灭火器的使用

灭火器的使用必须按其产品使用说明书的要求进行，由于产品的更新换代，使用方法及注意事项也不相同。

（1）CO_2 灭火器

使用 CO_2 灭火器时，先拔出保险销子，然后用一只手紧握喷射喇叭上的木柄，另一只手撤动鸭舌开关或旋转转动开关，提握机身，喇叭口指向火焰，即可灭火。不用时松开鸭舌开关或关闭转动开关，即可停止喷射。

CO_2 喷射时，人要站在上风侧，因为喷射距离较近，一般为 3～5 m，所以应尽量接近火源，灭火时先从火势蔓延最危险的一边喷起，然后向前移动，不要留下一点火星，室内灭火要保证通风。灭火时一定要握住喇叭口的木柄，以免将手冻坏。CO_2 灭火器的使用如图 4－1 所示。

图 4－1　CO_2 灭火器使用示意图

（2）CCl_4 灭火器

CCl_4 灭火器的使用及注意事项：

1）泵浦式 CCl_4 灭火器使用时先旋开手柄，推动活塞，CCl_4 即从喷嘴处喷出。

2）打气式 CCl_4 灭火器使用时，一只手握住机身下端，并用手指按住喷嘴，另一只手旋动手柄，前后抽动打气，气足后放开手指，CCl_4 就会喷出，然后边喷边打气，继续使用。

3）储压式 CCl_4 灭火器在使用时只要旋动气压开关，CCl_4 立即喷出。

4）CCl_4 有毒，使用时必须注意通风。CCl_4 灭火器的使用如图 4－2 所示。

图 4－2　CCl_4 灭火器使用示意图

（3）干粉灭火器

使用干粉灭火器时，先把灭火器竖立在地上，一只手握紧喷嘴胶管，另一只手拉住提环，用力向上一拉并向火源移动，一般保持 5 m 左右，喷射出的白色粉末气即可灭火。

4.2 人员救护

4.2.1 人体触电后的表现

（1）假死

所谓假死，即触电者丧失知觉、面色苍白、瞳孔放大、脉搏和呼吸停止。假死可分为三种类型：1）心跳停止，尚能呼吸；2）呼吸停止，心跳尚存，但脉搏很微弱；3）心跳、呼吸均停止。由于触电时心跳和呼吸是突然停止的，虽然中断了供血供氧，但人体的某些器官还存在微弱活动，有些组织的细胞新陈代谢还在进行，触电者极有被救活的可能。

（2）局部电灼伤

触电者神志清醒，电灼伤常位于电流进出人体的接触处，进口处的伤口常为一个，出口处的伤口有时不止一个。电灼伤的面积有时较小，但较深，有时可深达骨髓，大多为三度灼伤，灼伤处是焦黄色或褐黑色，创面与正常皮肤有明显的界线。

（3）较轻伤害

触电者神志清醒，只是有些心慌、四肢发麻、全身无力、一度昏迷，但未失去知觉，出冷汗或恶心呕吐等。

4.2.2 触电急救的原则

现场急救的原则是：迅速、就地、准确、坚持。

（1）迅速

迅速就是要使触电者迅速、安全地脱离电源，这是现场抢救的关键步骤。可以说，时间就是生命，因为电流作用的时间越长，触电伤害越严重，伤害到一定程度，生命就无可挽救。同时，特别要注意：必须采取正确的脱离电源方法，并将触电者移到安全的地方。千万不要忙中出乱，发生连锁触电。

（2）就地

就地是在触电者脱离电源后立即在现场或附近就地进行抢救。根据经验，一般情况下，在 5 min 以内能进行现场抢救，救生率可达 90%；在 10 min 以内能进行现场抢救，救生率可达 60%；在 15 min 才进行抢救，则希望甚微。实现就地抢救的关键是普及触电急救的方法，使在场群众中有人能采取正确的方法进行抢救，以避免延误时机，同时提高成功率。

（3）准确

准确就是在脱离电源后，必须立即准确地判断触电者受到的伤害程度，看其是否能自主呼吸。不能自主呼吸者应进行人工呼吸；能自主呼吸者，不能强行做人工呼吸。也就是说，抢救的方法和施行的动作姿势要正确。

（4）坚持

坚持就是坚持抢救到底。在发生的触电伤害中，大多数都为“假死”状态，因此，只要有百分之一的希望，就要用万分努力，全力以赴，做好人工呼吸心肺复苏工作。只有在触电者出现死亡症状后方可停止抢救。死亡症状的一般表现为：心脏呼吸停止、瞳孔放大、出现尸斑、尸僵、血管硬化。这五个症状中如果有一个未出现，也应当作假死来尽力抢救。急救必须坚持到底，直至医务人员判定触电者已经死亡，再无法抢救时，才能停止抢救。

4.2.3　触电急救的方法

（1）迅速脱离电源

如事故发生地离电源开关较近，首先切断电源开关；如事故发生地离电源开关较远，救护人员应持绝缘物体，脚踩绝缘物将触电者与带电体分离；有条件者可用绝缘钳等工具将输电线剪断。在电源未切断前，救护人员切勿用手接触触电者的身体，以免自己也触电。

①脱离低压电源的方法

1）拉开触电地点附近的电源开关。但应注意，普通的电灯开关只能断开一根导线，有时由于安装不符合标准，可能只断开零线，而不能断开电源，人身触及的导线仍然带电，不能认为已切断电源。

2）如果距开关较远，或者断开电源有困难，可用带有绝缘柄的电工钳或有干燥木柄的斧头、铁锹等利器将电源线切断，此时应防止带电导线断落触及其他人体。

3）当导线搭落在触电者身上或压在身下时，可用干燥的木棒、竹竿等挑开导线，或用干燥的绝缘绳索套拉导线或触电者，使其脱离电源。

4）如触电者由于肌肉痉挛，手指紧握导线不放松或导线缠绕在身上时，可首先用干燥的木板塞进触电者身下，使其与地绝缘，然后再采取其他方法切断电源。

5）如果触电者的衣服是干燥的，又没有紧缠在身上，不至于使救护人员直接触及触电者的身体，则救护人员可以用一只手抓住触电者的衣服，将其脱离电源。

6）救护人员可用几层干燥的衣服将手裹住，或者站在干燥的木板、木桌椅或绝缘胶垫等绝缘物上，用一只手拉触电者的衣服，使其脱离电源。千万不要赤手直接去拉触电人，以防造成群伤触电事故。

②脱离高压电源的方法

1）立即通知有关部门停电。

2）戴上绝缘手套，穿上绝缘鞋，使用相应电压等级的绝缘工具，拉开高压跌落式熔断器或高压断路器。

3）抛掷裸金属软导线，使线路短路，迫使继电保护装置动作，切断电源，但应保证抛掷的导线不触及触电者和其他人。

③注意事项

1）应防止触电者脱离电源后可能出现的摔伤事故。当触电者站立时，要注意触电者倒下的方向，防止摔伤；当触电者位于高处时，应采取措施防止其脱离电源后坠落摔伤。

2）未采取任何绝缘措施时，救护人员不得直接接触触电者的皮肤和潮湿的衣服。

3）救护人员不得使用金属和其他潮湿的物品作为救护工具。

4）在使触电者脱离电源的过程中，救护人员最好用一只手操作，以防救护人员触电。

5）夜间发生触电事故时，应解决临时照明问题，以便在切断电源后进行救护，同时应防止出现其他事故。

（2）实施现场救治

触电者脱离电源后，应立即将其就近移至干燥通风的场所，再根据情况迅速进行现场救护，同时应通知医务人员到现场，并做好送往医院的准备工作。

①触电者所受伤害不太严重

如果触电者神志清楚，只是感到心慌、四肢发麻、全身无力，虽曾一度昏迷，但未失去知觉，应使其就地平躺在通风保温的地方，严密观察，暂时不要站立和走动。如在观察过程中，发现呼吸或心跳很不规律甚至接近停止，应赶快进行人工呼吸；如有呼吸，但心脏跳动停止，应请医生前来或送医院诊治。

②触电者的伤害情况很严重

触电者如无知觉、无呼吸，但心脏有跳动，应立即就地正确使用心肺复苏法（包括人工呼吸法和胸外按压心脏法）进行抢救。

触电者如有呼吸，但心脏跳动停止，则应立即采用胸外心脏挤压法进行救治。

触电者心脏和呼吸都已停止、瞳孔放大、失去知觉，这时须同时采取人工呼吸和人工胸外心脏挤压两种方法进行救治。

同时应立即与附近医疗部门联系，争取医务人员及早接替救治。做人工呼吸要有耐心，尽可能坚持抢救 4 h 以上，直到把人救活，或者一直抢救到确诊死亡时为止；如需送医院抢救，在途中也不能中断急救措施。未经医生许可，不得放弃救治。

4.2.4　现场救治的方法

（1）通畅气道

通畅气道可采用仰头抬颌法，如图 4－3 所示。其方法是用一只手放在触电者前额，另一只手的手指将其下颌向上抬起，两手协同将头部推向后仰，触电者舌根随之抬起，气道即可通畅。

图 4－3　气道通畅操作法

（2）人工呼吸

现场常用的方法有仰卧牵臂法、俯卧压背法、口对口（鼻）呼吸法。

1）仰卧牵臂法。将伤员的脸朝上仰卧，肩胛下垫柔软物品，使头后仰。清除口腔内的异物，拉出舌头并不让其缩回，保持气道通畅。救护人员在他的头前屈膝跪立，两只手分别握住伤员的手腕，使他的两臂弯曲压在前胸两侧，形成呼气，然后再将两手拉直伸向头部，形成吸气，如图 4－4 所示。反复进行，每分钟 12～18 次。该方法适用于老人及孕妇。

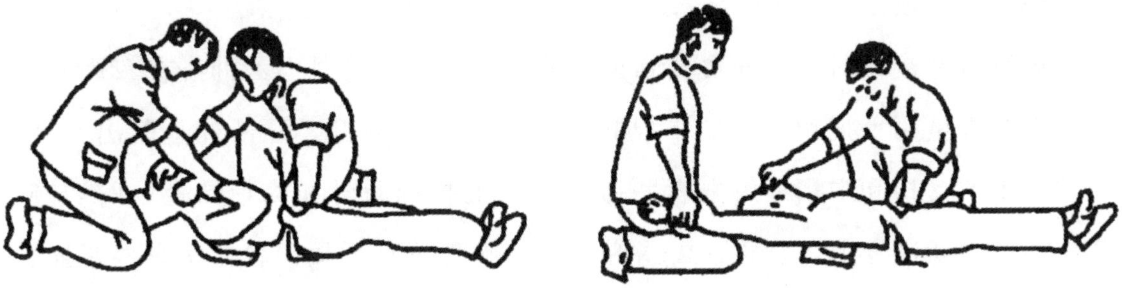

图 4－4　仰卧牵臂呼吸操作法

2）俯卧压背法。触电者背朝上俯卧，一只手臂弯曲枕在头下，脸侧向一边，另一只手顺着脸旁伸直。救护人员脸朝向触电者头部，两腿骑跨在触电者臀部的两侧，手指并拢向下，两手掌相距一拳之隔，分别压在触电者后背下部两侧，小手指放在最后一根肋骨的位置上。救护人员双臂伸直向前方倾斜，以全身重量通过手掌下压形成呼气；然后救护人员身体后仰，手掌放松（双手不能离开），形成吸气，反复进行。

3）口对口呼吸法。触电者脸朝上仰卧，头部后仰，颈部伸直。救护人员用一只手捏住其鼻翼，用另一只手的拇指和食指掰开伤员的嘴巴，先取出伤员嘴里的东西，然后救护人员深深呼吸后，紧贴着伤员的口吹气约 2 s，使伤员胸部扩张，接着放松口鼻，使其胸部自然地缩回，呼气约 3 s，并连续不断地反复进行。如果掰不开嘴巴，可以捏紧伤员的嘴巴，紧贴着鼻孔吹气和放松，如图 4－5 所示。

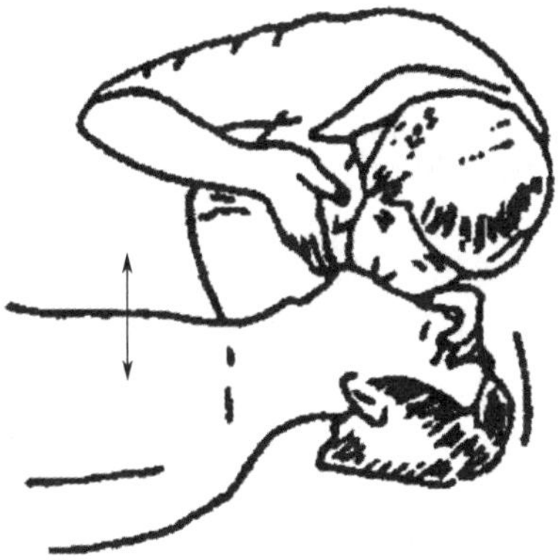

图 4－5　人工呼吸操作法

(3) 胸外按压

进行胸部按压时，首先要找到正确的按压部位。将触电者仰卧在较硬的地方，救护人员用手把触电者的下巴托起，头部尽量后仰，颈部伸直露出胸部。然后右手的食指和中指沿触电者肋弓下沿向上找到肋骨和胸骨结合处的切迹，将中指放在切迹之上，食指在中指旁并放在胸骨下端，救护者左手掌根紧挨食指上沿放在胸骨上，如图 4-6 所示。

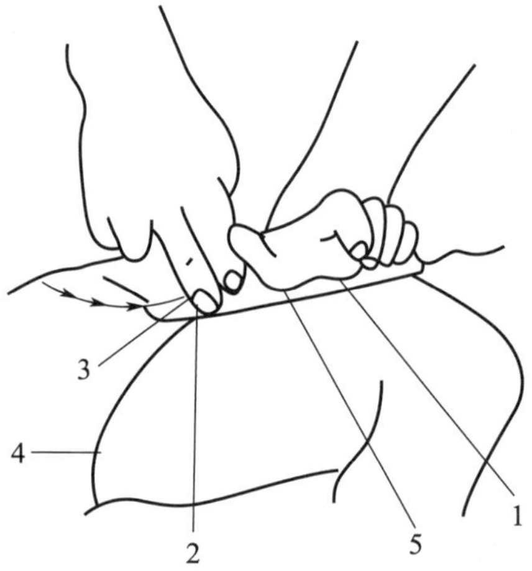

图 4-6　胸外按压正确位置图

1—胸骨；2—切迹；3—剑突；4—肋骨下缘；5—正确按压部位

进行胸外按压的正确方法是：救护者立或跪在触电者一侧肩旁，两手掌重叠，手指翘起离开胸部，只用手掌压在已确定的位置上。两臂伸直垂直向下用力挤压，一般压下深度为 3～5 cm，每分钟挤压 60～80 次。挤压后手掌根突然抬起，让触电者胸部自动复原，血液充满心脏。放松时手掌根不能离开胸部。胸外按压姿势如图 4-7 所示。

触电者如果是儿童或老人，可用一只手挤压，用力要轻，每分钟 80～100 次。

在医务人员未来接替救治前，不应放弃现场抢救，更不能只根据没有呼吸或没有脉搏，就擅自判定触电者死亡而放弃抢救。只有医生有权做出触电者死亡的诊断。

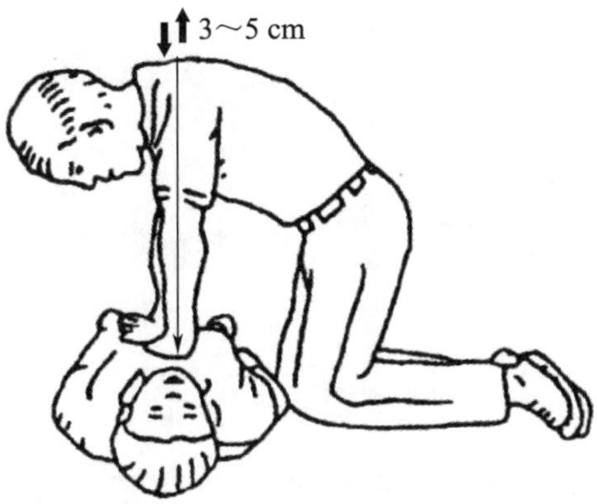

图 4－7　胸外按压姿势

附录　航天电子常用电气的相关安全技术标准目录

序号	标准名称	标准号
1	防止静电事故通用导则	GB 12158
2	电能质量供电电压允许偏差	GB 12325
3	系统接地的型式及安全技术要求	GB 14050
4	国家电气设备安全技术规范	GB 19517
5	电业安全工作规程 第1部分:热力和机械	GB 26164.1
6	电力安全工作规程 电力线路部分	GB 26859
7	电力安全工作规程 发电厂和变电站电气部分	GB 26860
8	建筑设计防火规范(2018版)	GB 50016
9	氧气站设计规范	GB 50030
10	建筑照明设计标准	GB 50034
11	供配电系统设计规范	GB 50052
12	20 kV及以下变电所设计规范	GB 50053
13	低压配电设计规范	GB 50054
14	通用用电设备配电设计规范	GB 50055
15	建筑物防雷设计规范	GB 50057
16	爆炸和火灾危险环境电力装置设计规范	GB 50058
17	洁净厂房设计规范	GB 50073
18	电气装置安装工程接地装置施工及验收规范	GB 50169
19	电气装置安装工程 盘、柜及二次回路接线施工及验收规范	GB 50171

续表

序号	标准名称	标准号
20	氢气站设计规范	GB 50177
21	电气装置安装工程爆炸和火灾危险环境电气装置施工及验收规范	GB 50257
22	建筑电气工程施工质量验收规范	GB 50303
23	电子工业洁净厂房设计规范	GB 50472
24	导(防)静电地面设计规范	GB 50515
25	特种气体系统工程技术规范	GB 50646
26	电磁波暗室工程技术规范	GB 50826
27	防静电工程施工与质量验收规范	GB 50944
28	洁净厂房施工及质量验收规范	GB 51110
29	民用建筑电气设计标准	GB 51348
30	建筑防火通用规范	GB 55037
31	手持式电动工具的管理、使用、检查和维修安全技术规程	GB/T 3787
32	手持式、可移式电动工具和园林工具的安全 第1部分:通用要求	GB/T 3883.1
33	机械电气安全 机械电气设备 第1部分:通用技术条件	GB/T 5226.1
34	机械电气安全 机械电气设备 第34部分:机床技术条件	GB/T 5226.34
35	用电安全导则	GB/T 13869
36	剩余电流动作保护装置安装和运行	GB/T 13955
37	高压/低压预装式变电站	GB/T 17467
38	低压机柜 第4部分:电气安全要求	GB/T 22764.4
39	电气设备应用场所的安全要求 第1部分:总则	GB/T 24612.1
40	电气设备安全设计导则	GB/T 25295
41	电气设备安全通用试验导则	GB/T 25296
42	特种气体储存期规范	GB/T 26571
43	接近电气设备的安全导则	GB/T 29480

续表

序号	标准名称	标准号
44	电气安全标志	GB/T 29481
45	高压电力用户用电安全	GB/T 31989
46	航天电子产品静电防护要求	GB/T 32304
47	危险场所电气防爆安全规范	AQ 3009
48	电镀化学品运输、储存、使用安全规程	AQ 3019
49	电镀生产安全操作规程	AQ 5202
50	电镀生产装置安全技术条件	AQ 5203
51	电业安全工作规程(发电厂和变电所电气部分)	DL 408
52	电业安全工业规程(电力线路部分)	DL 409
53	施工现场临时用电安全技术规范	JGJ 46
54	机械工厂电力设计规范	JBJ 6
55	航天工业安全生产标准化考核评分细则 第 17 部分:电气设备设施	QJ 20827.17